高等职业教育"十三五"规划教材（电子信息课程群）

# 计算机应用基础教程学习指导

## （Windows 7+Office 2010）

主　编　刘俊华　吴　燕

副主编　代子静　杨楚华

主　审　潘　迪　杨　辉

中国水利水电出版社

www.waterpub.com.cn

·北京·

## 内 容 提 要

　　本书是《计算机应用基础教程（Windows 7+Office 2010)》的配套指导教材，主要内容结构为学习大纲、重点解疑、试题分析和素质拓展。为提高计算机一级考试通过率，本书所有例题均来源于历年真题，并给出了答案和解析。书中理论知识和实践操作比例适当，体现了"理论够用、注重实践"的精神，并提出了解决实际问题的诸多方法，使读者能进一步熟悉一级考试所涉及的考点，最终熟练进行计算机相关操作。本书共分七章，主要内容包括：认识计算机、微型计算机系统组成、操作系统、Word 2010 应用与实践、Excel 2010 应用与实践、PowerPoint 2010 应用与实践、网络基础知识和简单应用。

　　本书作为《计算机应用基础教程（Windows 7+Office 2010)》一书的配套指导教材，内容充实、结构条理、语言通俗易懂；强调知识的实用性、完整性和可操作性，突出能力培养。

　　本书适用于所有从事计算机教学的教师和自学人员，适用于大中专院校、职业院校学生，也可以作为计算机初、中级和计算机爱好者学习计算机知识的自学参考书。

## 图书在版编目（CIP）数据

计算机应用基础教程学习指导 : Windows 7+Office
2010 / 刘俊华，吴燕主编. -- 北京 : 中国水利水电出
版社，2018.8（2019.8 重印）
高等职业教育"十三五"规划教材. 电子信息课程群
ISBN 978-7-5170-6675-0

Ⅰ. ①计… Ⅱ. ①刘… ②吴… Ⅲ. ①Windows操作系
统－高等职业教育－教材②办公自动化－应用软件－高等
职业教育－教材 Ⅳ. ①TP316.7②TP317.1

中国版本图书馆CIP数据核字(2018)第171275号

策划编辑：杜　威　　责任编辑：张玉玲　　加工编辑：张青月　　封面设计：李　佳

| | | |
|---|---|---|
| 书　　名 | 高等职业教育"十三五"规划教材（电子信息课程群）<br>**计算机应用基础教程学习指导（Windows 7+Office 2010）**<br>JISUANJI YINGYONG JICHU JIAOCHENG XUEXI ZHIDAO<br>（Windows 7+Office 2010） | |
| 作　　者 | 主　编　刘俊华　吴　燕<br>副主编　代子静　杨楚华<br>主　审　潘　迪　杨　辉 | |
| 出版发行 | 中国水利水电出版社<br>（北京市海淀区玉渊潭南路 1 号 D 座　100038）<br>网址：www.waterpub.com.cn<br>E-mail：mchannel@263.net（万水）<br>　　　　　sales@waterpub.com.cn<br>电话：（010）68367658（营销中心）、82562819（万水） | |
| 经　　售 | 全国各地新华书店和相关出版物销售网点 | |
| 排　　版 | 北京万水电子信息有限公司 | |
| 印　　刷 | 三河市铭浩彩色印装有限公司 | |
| 规　　格 | 184mm×260mm　16 开本　10.75 印张　265 千字 | |
| 版　　次 | 2018 年 8 月第 1 版　2019 年 8 月第 3 次印刷 | |
| 印　　数 | 6001—8000 册 | |
| 定　　价 | 21.00 元 | |

# 前　　言

　　计算机已经广泛应用于现代社会的各个领域，熟练使用计算机已经成为人们必备的基本素质和基本技能之一。根据"高等学校学生计算机基础知识和应用能力等级考试大纲"要求，我们编写了《计算机应用基础教程（Windows 7+Office 2010）》的配套指导教材《计算机应用基础教程学习指导（Windows 7+Office 2010）》。本书旨在培养高职学生掌握一定的理论基础的同时，着重培养学生操作技能和计算机知识的综合实用能力。

　　本书可作为高等职业院校计算机基础教材，也可以作为全国计算机等级考试及各种培训班的教材，以及广大工程技术人员普及计算机基础的岗位培训教程，也可作为广大计算机爱好者的入门参考书。

　　本书由刘俊华、吴燕主编，代子静、杨楚华任副主编，潘迪、杨辉任主审。其中第一章由刘妮玲编写，第二章由彭琦伟编写，第三章由程利容编写，第四章由何威编写，第五章由陈宇编写，第六章由张宇强编写，第七章由刘俊华、李瑞正编写。刘俊华负责全书的总体规划，吴燕负责统稿定编工作。共同编写本书是一次愉快的合作。

　　在本书编写过程中，得到了荆州理工职业学院院领导的大力支持，也得到了一些专家的具体指导，在此一并表示衷心的感谢。

　　由于编者水平和经验有限，加之时间仓促，书中难免有错误和疏漏之处，敬请专家和广大读者批评指正。

编　者

2018 年 5 月

# 目　　录

# 第一章　认识计算机

## 第一节　学习大纲

### 一、学习目的和基本要求

通过本章的学习让学生对计算机的相关概念有一个清晰的认识，对计算机的安全操作以及对病毒的防范有一个了解。

- 了解计算机的基本概念。
- 掌握计算机中数据的表示、存储与处理。
- 了解多媒体技术的概念与应用。
- 了解计算机病毒的概念与防治。
- 了解计算机网络的概念、组成与分类。
- 了解网络信息安全的概念和防控。
- 了解因特网网络服务的概念、应用。

### 二、主要内容

- 计算机的发展、类型及应用领域。
- 计算机中数据的表示、存储与处理。
- 多媒体技术的概念与应用。
- 计算机病毒的概念、特征、分类与防治。
- 计算机网络的概念、组成与分类。
- 计算机与网络安全信息安全的概念和防控威胁网络安全的因素。
- 因特网网络服务的概念、原理与应用。

### 三、逻辑结构和相关重要概念

本章学习促使学生全面了解计算机的相关概念并熟悉计算机的安全操作，为后续章节打下学习与操作的基础。

（1）ASCII 码是美国标准信息交换码。

（2）计算机多媒体技术是指利用计算机技术综合处理文字（Text）、声音（Sound）、图形（Graphic）、图像（Photo）、视频（Video）和动画（Animation）等多种媒体信息的新技术。

（3）病毒指在计算机程序中插入的破坏计算机功能或者数据、影响计算机使用并且能够自我复制的一组计算机指令或者程序代码。简单地说，病毒是人为制造的具有传染性的一种特殊的程序，属于软件的范畴。

（4）计算机网络指把地理位置分散的、功能上独立自治的计算机系统通过通信链路连接在一起，构成的以资源共享为目的的系统。

（5）信息安全是指保护信息网络的硬件、软件及其系统中的数据，使其避免受到偶然的或者恶意的因素的破坏、更改、泄露，使系统连续可靠地正常运行，信息服务不中断。

（6）网络服务（Web Services）是指一些在网络上运行的、面向服务的、基于分布式程序的软件模块，网络服务采用 HTTP 和 XML 等互联网通用标准，使人们可以在不同的地方通过不同的终端设备访问 Web 上的数据，如网上订票、查看订座情况等。

### 四、基本理论

**1. 计算机的发展历史**

世界上第一台名为 ENIAC 的电子计算机在 1946 年诞生于美国宾夕法尼亚大学。

- 第一代计算机（1946～1958 年）。
- 第二代计算机（1959～1964 年）。
- 第三代计算机（1965～1970 年）。
- 第四代计算机（1971 年至今）。

**2. 计算机的分类方法**

- 按计算机中信息的表现形式分类。
- 按计算机的应用范围分类。
- 按计算机的运算速度分类。

**3. 计算机的特点**

- 运算速度快。
- 运算精度高。
- 记忆能力强。
- 具有逻辑判断能力。
- 具有自动运行能力。

**4. 计算机的应用**

- 科学计算。
- 数据处理。
- 自动控制。
- 计算机辅助系统（CAD、CAM、CIMS）。
- 人工智能。
- 办公自动化。
- 通信和网络。
- 多媒体技术。
- 教育。
- 军事。

**5. 进位计数制**

**（1）进位计数制**

进位计数制是人们利用数字符号按照进位原则进行数据大小计算的方法。在计算机的进位计数制中，首先应该掌握和进位计数制相关的三个概念，即数码、基数、位权。

（2）进制转换

不同进制之间进行转换应遵循转换原则：两个有理数相等，则有理数的整数部分和分数部分一定分别相等。也就是说，若转换前两个数相等，转换后仍然必须相等。

6. 数据的存储单位

- 位。
- 字节。
- 字长。

7. 计算机多媒体技术

计算机多媒体技术是利用计算机技术综合处理文字（Text）、声音（Sound）、图形（Graphic）、图像（Photo）、视频（Video）和动画（Animation）等多种媒体信息的新技术。多媒体技术广泛应用于工业生产管理、学校教育、公共信息咨询、商业广告、军事指挥与训练，甚至家庭生活与娱乐等领域。

8. 多媒体技术应用

多媒体技术应用大概可以分为：

- 多媒体演示系统的制作（计算机辅助教学（CAI）光盘制作、公司和地区的多媒体演示、引导及介绍系统等）。
- 多媒体网络传输（远程教学、远程医疗诊断、视频点播以及各种多媒体信息在网络上的传输等）。
- 数字电视应用（数字电视机——机顶盒）。

9. 计算机病毒的概念、特征、分类与防治

（1）计算机病毒的概念

计算机病毒是隐藏在计算机系统的数据资源中、利用系统资源进行繁殖并生存、影响计算机系统正常运行并通过系统数据资源共享的途径进行传染的程序。

（2）计算机病毒的主要特征

计算机病毒不是天然存在的，而是人故意编制的一种特殊的计算机程序。这种程序具有如下特征：感染性、流行性、繁殖性、变种性、潜伏性、针对性、表现性。

（3）计算机病毒的分类

根据病毒存在的媒介可分为：网络病毒、文件病毒和引导型病毒。

根据病毒破坏的能力可分为：无害型、无危险型、危险型、非常危险型。

根据病毒特有的算法可分为：伴随型病毒、蠕虫型病毒、寄生型病毒。

（4）计算机病毒的防治

计算机病毒的防治要从防毒、查毒、解毒三方面来进行。

10. 计算机网络的概念、组成与分类

（1）计算机网络的概念

把地理位置分散的、功能上独立自治的计算机系统通过通信链路连接在一起，构成的以资源共享为目的的系统称为计算机网络。

（2）计算机网络的组成

计算机网络由通信子网和资源子网两个部分组成。

（3）计算机网络的分类

按传输距离的长短划分：局域网 LAN（Local Area Network）、广域网 WAN（Wide Area Network）、城域网 MAN（Metropolitan Area Network）。

按传输介质划分：有线网、无线网。

按网络的拓扑结构划分：总线型结构、星型结构、环型结构、树状结构。

11．计算机的网络安全、信息安全的概念和防控

（1）概念

网络安全是指保护信息网络的硬件、软件及其系统中的数据，避免受到偶然的或者恶意的因素的破坏、更改、泄露，使系统连续可靠地正常运行，信息服务不中断。信息安全主要包括以下五方面的内容：即需保证信息的保密性、真实性、完整性、防控未授权复制和保证所寄生系统的安全性。

（2）防控

防火墙技术、数据加密技术、访问控制、防御病毒技术。

12．因特网网络服务的概念、原理与应用

网络服务（Web Services）是指一些在网络上运行的、面向服务的、基于分布式程序的软件模块，网络服务采用 HTTP 和 XML 等互联网通用标准，使人们可以在不同的地方通过不同的终端设备访问 Web 上的数据，如网上订票、查看订座情况等。

# 第二节　重点解疑

## 一、重点

- 计算机中数据的表示、存储与处理
- 多媒体技术的概念与应用
- 病毒的概念及其防治

## 二、难点

进制的相互转换

## 三、疑点

- 进制之间的转换
- 病毒与程序

## 四、考点

- 计算机的发展、类型及其应用领域
- 计算机中数据的表示、存储与处理
- 多媒体技术的概念与应用
- 计算机病毒的概念、特征、分类与防治
- 计算机网络的概念、组成与分类

- 计算机的网络安全、信息安全的概念和防控。
- 因特网网络服务的概念、原理与应用。

## 五、热点解析与释疑

本章考察学生对计算机的概念、类型、应用领域等基础内容的了解；同时要理解计算机中数据的表示以及进制的相互转换；了解计算机中数据的存储和编码；了解病毒相关概念。

考试类型和分析如下：

1. 与十进制数 254 等值的二进制数是（　　）。

A. 11111110　　　　B. 11101111　　　　C. 11111011　　　　D. 11101110

【解析】十进制向二进制的转换采用"除二取余"法，本题计算过程如下：

```
2 | 245
2 | 127   0
2 |  63   1
2 |  31   1
2 |  15   1
2 |   7   1
2 |   3   1
2 |   1   1
```

2. 下列字符中，其 ASCII 码值最大的是（　　）。

A. 9　　　　　　B. D　　　　　　C. a　　　　　　D. y

【解析】ASCII 码为：9 对应 39，D 对应 44，a 对应 61，y 对应 79。

3. 计算机病毒是指（　　）。

A. 编制有错误的计算机程序　　　　　　B. 设计不完善的计算机程序

C. 已被破坏的计算机程序　　　　　　　D. 以危害系统为目的的特殊计算机程序

答案：D

【解析】计算机病毒就是一种特殊的计算机程序，它以破坏系统为目的。

4. 在计算机内，多媒体数据最终是以（　　）形式存在。

A. 二进制代码　　　　　　　　　　　B. 特殊的压缩码

C. 模拟数据　　　　　　　　　　　　D. 图形图像、文字、声音

答案：A

【解析】多媒体数据以二进制的形式存储于计算机中。

# 第三节　试题分析

1. 世界上第一台电子计算机名叫（　　）。

A. EDVAC　　　　B. ENIAC　　　　C. EDSAC　　　　D. MARK-II

【解析】世界上第一台名为 ENIAC 的电子计算机在 1946 年诞生于美国宾夕法尼亚大学。

2. 1983 年，我国第一台亿次巨型电子计算机诞生了，它的名字是（　　）。

A. 东方红　　　　B. 神威　　　　C. 曙光　　　　D. 银河

【解析】1983 年，我国第一台亿次巨型电子计算机银河诞生。

3. 计算机采用的主机电子器件的发展顺序是（　　）。

    A．晶体管、电子管、中小规模集成电路、大规模和超大规模集成电路

    B．电子管、晶体管、中小规模集成电路、大规模和超大规模集成电路

    C．晶体管、电子管、集成电路、芯片

    D．电子管、晶体管、集成电路、芯片

【解析】计算机从诞生发展至今所采用的逻辑元件的发展顺序是电子管、晶体管、集成电路、大规模和超大规模集成电路。

4. 微型计算机中使用的数据库属于（　　）。

    A．科学计算方面的计算机应用　　　　B．过程控制方面的计算机应用

    C．数据处理方面的计算机应用　　　　D．辅助设计方面的计算机应用

【解析】数据库用于数据管理方面。

5. CAM 表示为（　　）。

    A．计算机辅助设计　　　　　　　　　B．计算机辅助制造

    C．计算机辅助教学　　　　　　　　　D．计算机辅助模拟

【解析】CAM 全称为计算机辅助制造。

6. 微机中 1k 字节表示的二进制位数是（　　）。

    A．1000　　　　　　B．$8\times1000$　　　　C．1024　　　　D．$8\times1024$

【解析】1k Byte=1k$\times$8bit。

7. 计算机用来表示存储空间大小的最基本单位是（　　）。

    A．Baud　　　　　B．bit　　　　　C．Byte　　　　D．Word

【解析】存储空间大小的最基本单位为字节 Byte。

8. 多媒体信息不包括（　　）。

    A．音频、视频　　　　　　　　　　　B．声卡、光盘

    C．影像、动画　　　　　　　　　　　D．文字、图形

【解析】声卡、光盘属于计算机输入输出设备。

9. 计算机普遍采用的字符编码是（　　）。

    A．原码　　　　　B．补码　　　　　C．ASCII 码　　　D．汉字编码

【解析】计算机中普遍采用的字符编码是 ASCII 码。

10. 标准 ASCII 码字符集共有（　　）个编码。

    A．128　　　　　　B．256　　　　　C．34　　　　　D．94

【解析】标准的 ASCII 码字符集中共有 $2^7$=128 个编码。

11. 若在一个非零无符号二进制整数右边加两个零形成一个新的数，则新数的值是原数值的（　　）。

    A．四倍　　　　　B．二倍　　　　　C．四分之一　　　D．二分之一

答案：A

【解析】001 对应十进制 1，100 对应十进制 4，所以是其四倍。

12. 执行二进制逻辑乘运算（即逻辑与运算）01011001∧10100111，其运算结果是（　　）。

    A．00000000　　　B．1111111　　　C．00000001　　　D．1111110

答案：C

【解析】逻辑与运算的口诀为"一一得一"，即只有当两个数都为1时，结果才为1。

13．执行二进制算术加运算盘 11001001+00100111 其运算结果是（　　）。

    A．11101111　　　　B．11110000　　　　C．00000001　　　　D．10100010

答案：B

【解析】二进制加法运算法则为"封二进一"，本题计算过程如下：

$$\begin{array}{r} 11001001 \\ +\quad 00100111 \\ \hline 11110000 \end{array}$$

14．在十六进制数 CD 等值的十进制数是（　　）。

    A．204　　　　　　B．205　　　　　　C．206　　　　　　D．203

答案：B

【解析】CD 对应的二进制为 11001101，转换为十进制数为：$1\times2^7+1\times2^6+0\times2^5+0\times2^4+1\times2^3+1\times2^2+0\times2^1+1\times2^0=205$。

15．十进制数 100 转换成二进制数是（　　）。

    A．01100100　　　　B．01100101　　　　C．01100110　　　　D．01101000

答案：A

【解析】十进制数转换成二进制数，采用除二取余法，直到商为0，对于每次得到的余数，从最后一位余数读起就是二进制数表示的数，十进制数 100 转换成二进制数为 01100100。

16．二进制数 00111101 转换成十进制数是（　　）。

    A．58　　　　　　B．59　　　　　　C．61　　　　　　D．65

答案：C

【解析】二进制数转换成十进制数，可用下列公式求出：$(F)_{10}=A_n\times2^n+A_{n-1}\times2^{n-1}+\dots+A_1\times2^1+A_0\times2^0$。则二进制数 00111101 转换成十进制数为：$00111101B=1\times2^5+1\times2^4+1\times2^3+1\times2^2+0+1=32+16+8+4+0+1=61$。

17．二进制数 110000 转换成十六进制数是（　　）。

    A．77　　　　　　B．D7　　　　　　C．70　　　　　　D．30

答案：D

【解析】二进制数转换成十六进制数的方法是：从二进制数最低位开始，每四位为一组向高位组合，如果高位不足四位则前面补0，然后将每组的四位二进制数转换为一个十六进制数即可，将 110000 分组为 0011 和 0000，0011 转换成十六进制数为 3，0000 转换为十六进制数为 0，即二进制数 110000 转换成十六进制数为 30。

18．将十进制数 257 转换成十六进制数是（　　）。

    A．11　　　　　　B．101　　　　　　C．F1　　　　　　D．FF

答案：B

【解析】十进制数转换成十六进制数时，先将十进制数转换成二进制数，然后再由二进制数转换成十六进制数。十进制数 257 转换成二进制数为 100000001，二进制数 100000001 转换成十六进制数为 101。

19．下列四个无符号十进制整数中，能用八个二进制位表示的是（ ）。

  A．257    B．201    C．313    D．296

答案：B

【解析】257 转换成二进制是 100000001，201 转换成二进制是 11001001，313 转换成二进制是 100111001，296 转换成二进制是 100101000。四个数中只有选项 B 是 8 个二进制位，其他都是 9 个。

20．下列类型的文件中，相对而言不易感染病毒的是（ ）。

  A．*.txt    B．*.doc    C．*.exe    D．*.com

答案：A

【解析】宏病毒感染 Word 文件，所以*.doc 会感染病毒，文件型病毒感染可执行文件，所以*.exe、*.com 也可能感染。

21．下列关于计算机病毒的叙述中，错误的是（ ）。

  A．计算机病毒具有潜伏性

  B．计算机病毒具有传染性

  C．感染过计算机病毒的计算机具有对该病毒的免疫性

  D．计算机病毒是一个特殊的寄生程序

答案：C

【解析】计算机病毒的特点：繁殖性、破坏性、传染性、潜伏性、隐蔽性、可触发性等。

22．JPEG 代表的含义是（ ）。

  A．一种视频格式    B．一种图形格式

  C．一种网络协议    D．软件的名称

答案：B

【解析】JPEG 是一种图形格式。

23．（ ）文件格式是 Photoshop 特有的格式。

  A．JPG    B．GIF    C．BMP    D．PSD

答案：D

【解析】PSD 是 Photoshop 特有的格式。

24．关于多媒体技术的描述中，正确的是（ ）。

  A．多媒体技术只能处理声音和文字

  B．多媒体技术不能处理动画

  C．多媒体技术就是计算机综合处理声音、文本、图像等信息的技术

  D．多媒体技术就是制作视频

答案：C

【解析】多媒体技术就是计算机综合处理声音、文本、图像等信息的技术。

25．下列选项中，不属于多媒体技术在商业中的应用的是（ ）。

  A．电视广告    B．产品电子说明书

  C．销售演示    D．视频会议

答案：D

【解析】视频会议不属于多媒体技术在商业中的应用。

26．OSI 模型有七个功能层，从下向上第四层是（　　）。

　　A．物理层　　　　　　B．会话层　　　　　C．网络层　　　　　D．传输层

答案：D

【解析】传输层。

27．以下不能作为网络安全的特征的是（　　）

　　A．保密性　　　　　　B．共享性　　　　　C．完整性　　　　　D．可控性

答案：B

【解析】网络安全应具有以下四个方面的特征：保密性、完整性、可用性、可控性。

28．计算机网络是计算机与（　　）相结合的产物。

　　A．电话　　　　　　　B．线路　　　　　　C．各种协议　　　　D．通信技术

答案：D

【解析】计算机网络是计算机与通信技术相结合的产物。

29．Internet 的拓扑结构是（　　）。

　　A．总线型　　　　　　B．星型　　　　　　C．环型　　　　　　D．网状型

答案：C

【解析】Internet 的拓扑结构是环型。

30．防火墙是设置在可信任网络和不可信任网络之间的一道屏障，其目的是（　　）。

　　A．保护一个网络不受病毒的攻击

　　B．使一个网络与另一个网络不发生任何关系

　　C．保护网络不受另一个网络的攻击

　　D．以上都不正确

答案：A

【解析】防火墙是用来保护一个网络不受病毒的攻击。

31．为了预防计算机病毒的感染，应当（　　）。

　　A．经常让计算机晒太阳　　　　　　B．定期用高温对软盘消毒

　　C．对操作者定期体检　　　　　　　D．用抗病毒软件检查外来的软件

答案：D

【解析】使用杀毒软件。

32．计算机病毒是一段可运行的程序，它一般（　　）保存在磁盘中。

　　A．作为一个文件　　　　　　　　　B．作为一段数据

　　C．不作为单独文件　　　　　　　　D．作为一段资料

答案：C

【解析】计算机病毒是一段可运行的程序，它一般不作为单独文件保存在磁盘中。

33．病毒在感染计算机系统时，一般（　　）感染系统的。

　　A．病毒程序都会在屏幕上提示，待操作者确认（允许）后

　　B．是在操作者不觉察的情况下

　　C．病毒程序会要求操作者指定存储的磁盘和文件夹后

　　D．在操作者为病毒指定存储的文件名以后

答案：B

【解析】病毒在感染计算机系统时，一般是在操作者不觉察的情况下感染系统的。

34．IE 浏览器将因特网世界划分为因特网区域、本地 Intranet 区域、可信站点区域和受限站点区域的主要目的是（　　）。

　　A．保护自己的计算机　　　　　　　B．验证 Web 站点
　　C．避免他人假冒自己的身份　　　　D．避免第三方偷看传输的信息

答案：A

【解析】保护自己的计算机。

35．在因特网电子邮件系统中，电子邮件应用程序（　　）。
　　A．发送邮件和接收邮件通常都使用 SMTP 协议
　　B．发送邮件通常使用 SMTP 协议，而接收邮件通常使用 POP3 协议
　　C．发送邮件通常使用 POP3 协议，而接收邮件通常使用 SMTP 协议
　　D．发送邮件和接收邮件通常都使用 POP3 协议

答案：B

# 第四节　素质拓展

## 一、计算机技术发展

随着时代的进步，计算机技术的发展也日新月异。日前，麻省理工学院毕业生埃赫桑·侯克发表的一篇论文里，就阐述了一项计算机的新技术——笑脸识别技术。

埃赫桑的论文中阐述道，一台计算机能够通过设定程序从各种笑容中区别出真诚的微笑。这项研究是通过记录人类执行任务时的表现进行的，哪些任务能够引起人们出现高兴或者挫折的表情。

在实验的过程中发生了一个有意思的事情，就是当执行令人沮丧的任务时，90%的人们都会微笑。这项研究同样也发现无论是愉快笑容还是沮丧笑容的静态图片看起来都是相似的，但是在视频分析中我们却能够看到这两者的不同：愉快的笑容是逐步形成的，而沮丧的笑容来得快去得也快。

如果麻省理工学院的这项研究能够最终被有效地应用的话，就能够帮助那些有孤独症的人们，使医生能更好地分析他们的情绪。这项研究的发现已经拓宽了那些对于表情辨识非常关键的领域，比如说谎言测试、法律实施、临床诊断等。这项技术还能应用于人机互动相关的研究，比如说计算机行为科学、计算机视觉、机械学习能力以及人工智能。

和人力相比，计算机更加细腻，能够关注到人们所察觉不到的地方，并且不会出差错。计算机技术如果能够继续保持这样的更新速度，相信人们的生活也会因此而变得更加美好，智能时代已经不远了。

## 二、天翼云——改变数据时代的存储与分享

全球第一家专业云存储公司 Dropbox 创立于 2007 年，2008 年 9 月上市，一年后注册用户达 400 万，估值 40 亿美元。作为支撑云计算的核心功能之一，云存储不受地理位置限制，又

具有无限扩展性，把信息技术提升到一个全新的境界。

在不断提速的宽带网络上，互联网与移动网无缝对接，PC、智能手机、平板电脑访问云端畅通无阻。美林公司认为，90%计算任务都能够通过云计算完成。据 Springboard 预测，2014年中国总体云存储服务市场规模（含企业与个人用户市场）将达到 2.1 亿美元，年复合增长率高达 103%。

云存储蕴藏巨大商机，在苹果公司、微软公司、谷歌公司三大巨头相继进入云存储市场之后，国内网企和运营商纷纷跟进。目前，国内市场的云存储产品已达几十种，声势较大的有百度云、天翼云、阿里云、360 云盘等。对于移动运营商来说，云计算是改变沦为管道、与网企分切移动网蛋糕的天赐良机。近些年来，三大移动运营商竞相在云端发力，再次上演三强争霸的大戏。

（1）云存储的差异性与运营商的优势

进入 2013 年，国内个人云存储市场异常火热。云存储产品现在基本以提供免费服务为主，必然面临巨大的成本压力。服务器架设需要大量资金，圈集用户之后，付费习惯何时形成难以预期，用户越多成本压力越大。从这个角度看，云存储实际上是一场资本实力战，胜者为王。因此，缺乏资本实力的公司很难拼到底，最后剩下来的只能是那些拥有品牌影响力和资本实力的巨型公司。

无论是宽带接入、客户群、运营能力，还是品牌影响力和资本实力，移动运营商都具有先天优势。一方面，移动运营商掌握带宽资源并控制着宽带接入，在数据安全方面保障系数更高；另一方面，利用现有渠道和资源，无需额外成本投入，即可迅速形成规模用户。

（2）互联网的共享与移动网的共享

互联网的最大贡献是信息共享，而当越来越多的应用从 PC 移向无线终端之后，信息共享转为自由分享已成为用户的迫切需求。以往，各种终端彼此孤立，用户存储、访问数据要用数据线、U 盘等介质反复转存，非常麻烦。

由于移动互联网的兴起和智能终端的多样化，云存储为用户提供同步分享服务，彻底打破了信息壁垒，把信息的存储与分享变得异常便捷。天翼云不仅面向移动用户，而且面向其他互联网用户。不仅电信用户可以直接登录天翼云，移动、联通用户也能注册天翼云账号，享受天翼云的服务，而且用户可以通过 PC、手机、平板电脑等不同客户端，把本地文件上传至云端，多终端同步备份，不受时间地点限制。在两台设备（个人计算机+手机）以上，同时使用天翼云，更能领略其便利性及实用性。

目前来看，天翼云基于存储和分享在 PC、平板电脑、智能手机上构成云服务。通过在云端构建一个云服务系统，围绕图片、视频、文件的同步与分享，进一步细化市场，满足用户的各种需求，将会赢得越来越多的高粘性用户，从而造就一个数十亿乃至数百亿的"云生态"体系。

（3）存储与分享——数据时代的自由王国

一是多终端存储。天翼云支持计算机、平板电脑、安卓手机、苹果手机等多种终端。无论何时何地，通过天翼云都能将各种照片、音乐、视频文件轻松保存到云端。PC 客户端同步、手机相册自动备份、手机即拍即传，让文件自己存！天翼云为用户提供 15G 免费空间，与 189 邮箱打通后，两个产品共享空间，用户发邮件可从天翼云选择附件，还可以把附件设置为自动保存到天翼云。

二是便捷即时分享。天翼云除了为用户提供邮件、短信、微博等文件分享方式，最近还推出群空间分享服务。用户可以自由分配群空间大小，分享内容自动短信提醒群空间成员，群空间成员还可把内容一键转存到自己的天翼云空间，无须再次下载和上传。对比同类产品，不难看出，在电信运营商的资源优势下，天翼云分享更具差异化竞争力。在满足协同办公或用户大文件存储分享需求方面更具优势。

电信运营商企望通过云服务突破互联网企业的包围，改变单纯管道服务的被动局面，天翼云是否会成为一个突破口？可以相信，打造基于高速网络的优质云存储平台，提供一站式云存储服务，开拓更广阔的"云"工作与生活空间，天翼云可让用户真正拥有云服务的核心价值，从而在激烈的市场竞争中脱颖而出。

# 第二章  微型计算机系统的组成

## 第一节  学习大纲

### 一、学习目的，基本要求

- 理解计算机硬件五大功能部件及微型计算机的性能指标及发展。
- 掌握微型计算机系统的基本组成和各自的作用。
- 熟悉计算机物理结构和微机主机的内部结构，熟悉内存储器 RAM 与 ROM 的主要特点和区别。
- 了解计算机常用输入设备的作用，能够熟练使用键盘与鼠标。
- 了解计算机常用输出设备的作用，会使用显示器与打印机。
- 掌握计算机软件系统的组成和功能。
- 了解计算机语言的发展。
- 了解媒体、多媒体和多媒体技术等概念及应用领域，掌握多媒体计算机系统的组成。

### 二、主要内容，逻辑结构

1. 计算机硬件的五大功能部件

（1）运算器

运算器又称算术逻辑单元（Arithmetic Logic Unit，ALU）。它是计算机对数据进行加工处理的部件，包括算术运算（加、减、乘、除等）和逻辑运算（与、或、非、异或、比较等）。

（2）控制器

控制器负责从存储器中取出指令，并对指令进行译码。根据指令的要求，按时间的先后顺序，负责向其他各部件发出控制信号，保证各部件协调一致地工作，一步一步地完成各种操作。控制器主要由指令寄存器、译码器、程序计数器、操作控制器等组成。

（3）存储器

存储器是计算机记忆或暂存数据的部件。计算机中的全部信息，包括原始的输入数据，经过初步加工的中间数据以及最后处理完成的结果都存放在存储器中。而且，对输入数据如何进行加工处理的一系列指令也存放在存储器中。存储器分为内存储器（内存）和外存储器（外存）两种。

（4）输入设备

输入设备是给计算机输入信息的设备。它是重要的人机接口，负责将输入的信息（包括数据和指令）转换成计算机能识别的二进制代码，送入存储器保存。

（5）输出设备

输出设备是输出计算机处理结果的设备。在大多数情况下，它将这些结果转换成便于人们识别的形式。

2. 微型计算机系统的组成

微型计算机系统的组成如图 2-1 所示。

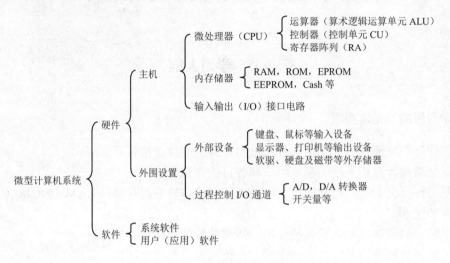

图 2-1　微型计算机系统的组成

3. 微型计算机基本系统结构

微型计算机基本系统结构如图 2-2 所示。

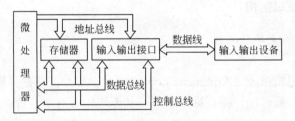

图 2-2　微型计算机基本系统结构

4. 常用存储单位之间的换算关系

KB　　$1KB=1024B=2^{10}B$

MB　　$1MB=1024KB=1024\times1024B=2^{20}B$

GB　　$1GB=1024MB=1024\times1024KB=1024\times1024\times1024B=2^{30}B$

TB　　$1TB=1024GB=1024\times1024MB=1024\times1024\times1024KB=1024\times1024\times1024\times1024B=2^{40}B$

5. RAM 与 ROM 存储器的区别

RAM 与 ROM 存储器的区别见表 2-1。

表 2-1　RAM 与 ROM 的区别

| 内存类型 | 静态 RAM 和动态 RAM 的区别 | | | ROM 和 RAM 的区别 |
| --- | --- | --- | --- | --- |
| | 区别 | 静态 RAM | 动态 RAM | |
| 随机存储器（RAM） | 1 | 集成度低 | 集成度高 | 可以随时读、写信息。写入信息时，原来的信息被覆盖。带 |
| | 2 | 价格高 | 价格低 | |

| 内存类型 | 静态 RAM 和动态 RAM 的区别 | | | ROM 和 RAM 的区别 |
|---|---|---|---|---|
| | 区别 | 静态 RAM | 动态 RAM | |
| 随机存储器<br>（RAM） | 3 | 存取速度快 | 存取速度慢 | 电时，信息完好，一旦断电，信息丢失，无法恢复 |
| | 4 | 不用刷新 | 需要刷新 | |
| 只读存储器<br>（ROM） | 分类 | 可编程只读存储器（PROM） | | 只能读，不能写（有条件），即关机信息也不会消失 |
| | | 可擦除可编程只读存储器（EPROM） | | |
| | | 掩模型只读存储器（MROM） | | |

### 三、重要概念，学习理论

（1）计算机

1945 年美籍匈牙利科学家冯·诺依曼提出了一个"存储程序"的计算机。

（2）字长

字长是指微型计算机能直接处理的二进制数据的位数。

（3）内存容量

内存容量是指微机内存储器的容量，它表示内存储器所能容纳信息的字节数。

（4）存取周期

存取周期是指对存储器进行一次完整的存取（即读/写）操作所需的时间，即存储器进行连续存取操作所允许的最短时间间隔。

（5）运算速度

运算速度是指微机每秒钟能执行多少条指令。

（6）多媒体技术

多媒体技术（Multimedia Technology）是指能够综合处理文本、图形、声音、动画和视频等多种媒体数据的技术，使这些数据建立一种逻辑上的连接，集成为具有交互性的系统技术。

（7）多媒体计算机

多媒体计算机（简称 MPC）是指在多媒体技术的支持下，能够实现多媒体信息处理的计算机系统。

## 第二节　重点解疑

### 一、重点

- 微型计算机的基本组成及各部分的作用
- 微型计算机的内部结构
- 存储器 RAM 与 ROM 的主要特点和区别
- 计算机软件系统的组成和功能
- 多媒体计算机系统的组成

## 二、难点

- 存储器 RAM 与 ROM 的主要特点和区别
- 常用存储单位之间的换算关系

## 三、考点

- 微型计算机系统的发展组成及各自作用（选择题、简答题）
- 存储单位之间的换算关系（选择题）
- 存储器 RAM 与 ROM 的区别及存储器的分类和特点（选择题）
- 计算机软件系统的组成（选择题）
- 系统软件与应用软件的区分（选择题）
- CPU 的组成
- 常见输入输出设备的判断
- 衡量微型计算机性能的技术指标及其优劣的判断方法

## 四、热点解析与解疑

（1）计算机硬件的五大组成部件

CPU 的组成及其组成部件的作用是常考的热点。

（2）衡量微型计算机性能的技术指标

每种指标的优劣对计算机性能的影响也是常考的热点。例如：

1）字长越长，微机的运算速度越快，运算精度越高。

2）内存容量越大，微机所能存储的数据和运行的程序就越多，程序运行的速度就越快。

3）存取周期越短，则微机的存取速度越快。

4）主频越高，微机的运算速度就越快。

（3）常用的存储单位间的换算

（4）一些常用英文缩写的含义

CPU：中央处理单元

ALV：算术逻辑运算单元

RA：寄存器陈列

RAM：随机存取存储器

ROM：只读存储器

CASH：缓存

I/O：输入输出

（5）判断常用软件是系统软件还是应用软件

这就要求学习者要正确理解系统软件与应用软件的概念。

## 第三节　试题分析

### 一、选择题

1．关于计算机的主要特性，下列叙述错误的是（　　）。

A．处理速度快，计算精度高　　　　　B．存储容量大

C．逻辑判断能力一般　　　　　　　　D．网络和通信功能强

答案：C

【解析】计算机的主要特性：可靠性高、工作自动化、处理速度快、存储容量大、计算精度高、逻辑运算能力强、适用范围广和通用性强等。

2．奔腾（Pentium）是（　　）公司生产的一种 CPU 的型号。

A．IBM　　　　B．Microsoft　　　　C．Intel　　　　D．AMD

答案：C

【解析】英特尔（Intel）公司生产的一种 CPU 的型号是奔腾（Pentium）系列的。

3．下列不属于微型计算机的技术指标的一项是（　　）。

A．字节　　　　B．时钟主频　　　　C．运算速度　　　　D．存取周期

答案：A

【解析】计算机主要技术指标有主频、字长、运算速度、存储容量和存取周期。字节是计算机存储器存储容量的基本单位。

4．微机中访问速度最快的存储器是（　　）。

A．CD-ROM　　　　B．硬盘　　　　C．U 盘　　　　D．内存

答案：D

【解析】中央处理器（CPU）直接与内存打交道，即 CPU 可以直接访问内存。而外存储器只能先将数据指令调入内存，然后再由内存调入 CPU，CPU 不能直接访问外存储器。CD-ROM、硬盘和 U 盘都属于外存储器，因此内存储器比外存储器的访问周期更短。

5．I/O 接口位于（　　）之间。

A．主机和 I/O 设备　　　　　　　　B．主机和主存

C．CPU 和主存　　　　　　　　　　D．总线和 I/O 设备

答案：C

【解析】主机和主存要通过系统总线。主机与 I/O 设备要通过系统总线、I/O 接口，然后才与 I/O 设备相连接，而并不是 I/O 设备直接与系统总线相连接。

6．计算机最主要的工作特点是（　　）。

A．有记忆能力　　　　　　　　　　B．高精度与高速度

C．可靠性与可用性　　　　　　　　D．存储程序与自动控制

答案：D

【解析】计算机的主要工作特点是将需要进行的各种操作以程序方式存储，并在它的指挥、控制下自动执行其规定的各种操作。

7．在下列叙述中，正确的选项是（　　）。

A．用高级语言编写的程序称为源程序

B．计算机直接识别并执行的是汇编语言编写的程序

C．机器语言编写的程序需编译和链接后才能执行

D．机器语言编写的程序具有良好的可移植性

答案：A

【解析】汇编语言无法直接执行，汇编语言写的程序必须先翻译成机器语言才能执行，故 B 的说法错误。机器语言是计算机唯一能直接理解和执行的语言，无需翻译，所以 C 的说法错误。机器语言只是针对特定的机器，可移植性差，故 D 的说法错误。

8．下列选项中不属于计算机的主要技术指标的是（    ）。

A．字长　　　　B．存储容量　　　C．重量　　　D．时钟主频

答案：C

【解析】计算机主要技术指标有主频、字长、运算速度、存储容量和存取周期。

9．下面设备中，既能向主机输入数据又能接收由主机输出数据的装置是（    ）。

A．CD-ROM　　　　　　　　B．显示器

C．软磁盘存储器　　　　　　D．光笔

答案：C

【解析】CD-ROM 和光笔只能向主机输入数据，显示器只能接收由主机输出数据，软磁盘存储器是可读写的存储器，它既能向主机输入数据又能接收由主机输出的数据。

10．微型计算机的主机包括（    ）。

A．运算器和控制器　　　　　　B．CPU 和内存储器

C．CPU 和 UPS　　　　　　　　D．UPS 和内存储器

答案：B

【解析】微型计算机的主机包括 CPU 和内存储器。UPS 为不间断电源，它可以保障计算机系统在停电之后继续工作一段时间，以便使用者能够将需要的信息紧急存盘，避免数据丢失，属于外部设备。运算器和控制器是 CPU 的组成部分。

11．计算机能直接识别和执行的语言是（    ）。

A．机器语言　　　　　　　　B．高级语言

C．汇编语言　　　　　　　　D．数据库语言

答案：A

【解析】计算机能直接识别和执行的语言是机器语言，其他计算机语言都需要被翻译成机器语言后才能被直接执行。

12．微型计算机控制器的基本功能是（    ）。

A．进行计算运算和逻辑运算

B．存储各种控制信息

C．保持各种控制状态

D．控制机器各个部件协调一致地工作

答案：D

【解析】选项 A 为运算器的功能，选项 B 为存储器的功能。控制器中含有状态寄存器，主要用于保持程序运行状态，选项 C 是控制器的功能，但不是控制器的基本功能，控制器的

基本功能为控制机器各个部件协调一致地工作，故选项 D 为正确答案。

13．微型计算机存储系统中，PROM 是（　　）。

    A．可读写存储器              B．动态随机存储器

    C．只读存储器                 D．可编程只读存储器

答案：D

【解析】可读可写存储器为 RAM，动态随机存储器为 DROM，只读存储器为 ROM。

14．下列几种存储器，存取周期最短的是（　　）。

    A．内存储器                  B．光盘存储器

    C．硬盘存储器                D．软盘存储器

答案：A

【解析】内存是计算机写入和读取数据的中转站，它的速度是最快的。存取周期最短的存储器是内存，其次是硬盘，再次是光盘，最慢的是软盘。

15．在微型计算机内存储器中不能用指令修改其存储内容的是（　　）。

    A．RAM      B．DRAM      C．ROM      D．SRAM

答案：C

【解析】ROM 为只读存储器，一旦写入，不能对其内容进行修改。

16．专门为学习目的而设计的软件是（　　）。

    A．工具软件     B．应用软件     C．系统软件     D．目标程序

答案：B

【解析】工具软件是专门用来进行测试、检查、维护等项目的服务软件。系统软件是专门用于管理和控制计算机的运行、存储、输入及输出的，并对源程序转换成目标程序起到翻译作用。应用软件是利用某种语言专门为某种目的而设计的一种软件。

17．下列关于系统软件的四条叙述中，正确的一条是（　　）。

    A．系统软件与具体应用领域无关

    B．系统软件与具体硬件逻辑功能无关

    C．系统软件是在应用软件基础上开发的

    D．系统软件并不提供具体的人机界面

答案：A

【解析】系统软件和应用软件组成了计算机软件系统的两个部分。系统软件主要包括操作系统、语言处理系统、系统性能检测和实用工具软件等。

18．下列术语中，属于显示器性能指标的是（　　）。

    A．速度        B．可靠性      C．分辨率      D．精度

答案：C

【解析】显示器的性能指标为像素与点阵、分辨率、显存和显示器的尺寸。

19．下列四条叙述中，正确的一条是（　　）。

    A．假若 CPU 向外输出 20 位地址，则它能直接访问的存储空间可达 1MB

    B．PC 在使用过程中突然断电，SRAM 中存储的信息不会丢失

    C．PC 在使用过程中突然断电，DRAM 中存储的信息不会丢失

    D．外存储器中的信息可以直接被 CPU 处理

答案：A

【解析】RAM中的数据一旦断电就会消失，外存中的信息要通过内存才能被计算机处理。

20．下列描述中不正确的是（　　）。

    A．多媒体技术最主要的两个特点是集成性和交互性

    B．所有计算机的字长都是固定不变的，都是8位

    C．计算机的存储容量是计算机的性能指标之一

    D．各种高级语言的编译系统都属于系统软件

答案：B

【解析】字长是指计算机一次能直接处理二进制数据的位数，字长越长，计算机处理数据的精度越强，字长是衡量计算机运算精度的主要指标。字长一般为字节的整数倍，如8、16、32、64位等。

21．计算机系统由（　　）组成。

    A．主机和显示器             B．微处理器和软件

    C．硬件系统和应用软件       D．硬件系统和软件系统

答案：D

【解析】计算机系统是由硬件系统和软件系统两部分组成的。

22．下列关于硬盘的说法错误的是（　　）。

    A．硬盘中的数据断电后不会丢失

    B．每个计算机主机有且只能有一块硬盘

    C．硬盘可以进行格式化处理

    D．CPU不能够直接访问硬盘中的数据

答案：B

【解析】硬盘的特点是存储容量大、存取速度快。硬盘可以进行格式化处理，格式化后，硬盘上的数据丢失。每台计算机可以安装一块以上的硬盘来扩大存储容量。CPU只能通过访问硬盘存储在内存中的信息来访问硬盘。断电后硬盘中存储的数据不会丢失。

23．半导体只读存储器（ROM）与半导体随机存取存储器（RAM）的主要区别在于（　　）。

    A．ROM可以永久保存信息，RAM在断电后信息会丢失

    B．ROM断电后，信息会丢失，RAM则不会

    C．ROM是内存储器，RAM是外存储器

    D．RAM是内存储器，ROM是外存储器

答案：A

【解析】只读存储器（ROM）和随机存储器（RAM）都属于内存储器（内存）。

只读存储器（ROM）的特点是：

● 只能读出（存储器中）原有的内容而不能修改，即只能读不能写。

● 断电以后内容不会丢失，加电后会自动恢复，即具有非易失性。

随机存储器（RAM）的特点是：

● 读写速度快，最大的不足是断电后内容立即消失，即具有易失性。

24．（　　）是系统部件之间传送信息的公共通道，各部件由总线连接并通过它传递数据和控制信号。

A．总线　　　　　　B．I/O 接口　　　C．电缆　　　　　D．扁缆

答案：A

【解析】总线是系统部件之间传递信息的公共通道，各部件由总线连接并通过它传递数据和控制信号。

25．计算机系统采用总线结构对存储器和外设进行协调。总线主要由（　　）三部分组成。

　　A．数据总线、地址总线和控制总线

　　B．输入总线、输出总线和控制总线

　　C．外部总线、内部总线和中枢总线

　　D．通信总线、接收总线和发送总线

答案：A

【解析】计算机系统总线是由数据总线、地址总线和控制总线三部分组成。

26．计算机软件系统包括（　　）。

　　A．系统软件和应用软件　　　　　　B．程序及其相关数据

　　C．数据库及其管理软件　　　　　　D．编译系统和应用软件

答案：A

【解析】计算机软件系统分为系统软件和应用软件两种。系统软件又分为操作系统、语言处理程序和服务程序。

27．计算机硬件能够直接识别和执行的语言是（　　）。

　　A．C 语言　　　　B．汇编语言　　　C．机器语言　　　D．符号语言

答案：C

【解析】机器语言是计算机唯一可直接识别并执行的语言，不需要任何解释。

28．计算机采用的主机电子器件的发展顺序是（　　）。

　　A．晶体管、电子管、中小规模集成电路、大规模和超大规模集成电路

　　B．电子管、晶体管、中小规模集成电路、大规模和超大规模集成电路

　　C．晶体管、电子管、集成电路、芯片

　　D．电子管、晶体管、集成电路、芯片

答案：B

【解析】计算机从诞生发展至今所采用的逻辑元件的发展顺序是电子管、晶体管、中小规模集成电路、大规模和超大规模集成电路。

29．一般计算机硬件系统的主要组成部件有五大部分，下列选项中不属于这五部分的是（　　）。

　　A．输入设备和输出设备　　　　　　B．软件

　　C．运算器　　　　　　　　　　　　D．控制器

答案：B

【解析】计算机硬件系统是由运算器、控制器、存储器、输入设备和输出设备五大部分组成的。

30．RAM 具有的特点是（　　）。

　　A．海量存储

　　B．存储在其中的信息可以永久保存

    C．一旦断电，存储在其上的信息将全部消失且无法恢复

    D．存储在其中的数据不能改写

答案：C

【解析】随机存储器（RAM）的特点是读写速度快，最大的不足是断电后内容立即永久消失，加电后也不会自动恢复，即具有易失性。

31．下面四种存储器中，属于数据易失性的存储器是（　　）。

    A．RAM           B．ROM          C．PROM         D．CD-ROM

答案：A

【解析】只读存储器（ROM）的特点是只能读出存储器中原有的内容，而不能修改，即只能读，不能写，掉电后内容不会丢失，加电后内容会自动恢复，即具有非易失性特点；随机存储器（RAM）的特点是读写速度快，最大的不足是断电后内容立即消失，即具有易失性；PROM是可编程的只读存储器；CD-ROM属于光盘存储器。PROM和CD-ROM都是只能读不能写，即具有非易失性。

32．下列有关计算机结构的叙述中，错误的是（　　）。

    A．最早的计算机基本上采用直接连接的方式，冯·诺依曼研制的计算机 IAS 基本上就采用了直接连接的结构

    B．直接连接方式连接速度快，而且易于扩展

    C．数据总线的位数通常与 CPU 的位数相对应

    D．现代计算机普遍采用总线结构

答案：B

【解析】最早的计算机使用直接连接的方式，运算器、存储器、控制器和外部设备等各个部件之间都有单独的连接线路。这种结构可以获得最高的连接速度，但是不易扩展。

33．下列有关总线和主板的叙述中，错误的是（　　）。

    A．外设可以直接挂在总线上

    B．总线体现在硬件上就是计算机主板

    C．主板上配有插 CPU、内存条、显示卡等的各类扩展槽或接口，而光盘驱动器和硬盘驱动器则通过扁缆与主板相连

    D．在计算机维修中，把 CPU、主板、内存、显卡加上电源所组成的系统叫最小化系统

答案：A

【解析】所有外部设备都通过各自的接口电路连接到计算机的系统总线上，而不能像内存一样直接挂在总线上。这是因为 CPU 只能处理数字的且是并行的信息，而且处理速度比外设快，故需要接口来转换和缓存信息。

34．有关计算机软件，下列说法错误的是（　　）。

    A．操作系统的种类繁多，按照其功能和特性可分为批处理操作系统、分时操作系统和实时操作系统等；按照同时管理用户数的多少分为单用户操作系统和多用户操作系统

    B．操作系统提供了一个软件运行的环境，是最重要的系统软件

    C．Microsoft Office 软件是 Windows 环境下的办公软件，但它并不能用于其他操作系统环境

    D．操作系统的功能主要是管理，即管理计算机的所有软件资源，硬件资源不归操作
      系统管理

答案：D

【解析】操作系统是控制和管理计算机硬件和软件资源并为用户提供方便的操作环境的
程序集合，它是计算机硬件和用户间的接口。

35．（　　）是一种符号化的机器语言。

    A．C 语言　　　　　　　　　　　　　B．汇编语言

    C．机器语言　　　　　　　　　　　　D．计算机语言

答案：B

【解析】汇编语言是用能反映指令功能的助记符描述的计算机语言，也称符号语言，实
际上是一种符号化的机器语言。

36．在计算机术语中，bit 的中文含义是（　　）。

    A．位　　　　　　B．字节　　　　　　C．字　　　　　　D．字长

答案：A

【解析】计算机中最小的数据单位称为位，英文名是 bit。

37．通常用 MIPS 为单位来衡量计算机的性能，它指的是计算机的（　　）。

    A．传输速率　　　　B．存储容量　　　　C．字长　　　　D．运算速度

答案：D

【解析】MIPS 表示计算机每秒处理的百万级的机器语言指令数，是表示计算机运算速度
的单位。

38．DRAM 存储器的中文含义是（　　）。

    A．静态随机存储器　　　　　　　　　B．动态随机存储器

    C．动态只读存储器　　　　　　　　　D．静态只读存储器

答案：B

【解析】随机存储器（RAM）分为静态随机存储器（SRAM）和动态随机存储器（DRAM）。

静态随机存储器（SRAM）：读写速度快，生产成本高，多用于容量较小的高速缓冲存
储器。

动态随机存储器（DRAM）：读写速度较慢，集成度高，生产成本低，多用于容量较大的
主存储器。

39．SRAM 存储器是（　　）。

    A．静态只读存储器　　　　　　　　　B．静态随机存储器

    C．动态只读存储器　　　　　　　　　D．动态随机存储器

答案：B

【解析】随机存储器（RAM）分为静态随机存储器（SRAM）和动态随机存储器（DRAM）。

静态随机存储器（SRAM）：读写速度快，生产成本高，多用于容量较小的高速缓冲存
储器。

动态随机存储器（DRAM）：读写速度较慢，集成度高，生产成本低，多用于容量较大的
主存储器。

40．下列关于存储的叙述中，正确的是（　　）。

A．CPU 能直接访问存储在内存中的数据，也能直接访问存储在外存中的数据

B．CPU 不能直接访问存储在内存中的数据，能直接访问存储在外存中的数据

C．CPU 只能直接访问存储在内存中的数据，不能直接访问存储在外存中的数据

D．CPU 既不能直接访问存储在内存中的数据，也不能直接访问存储在外存中的数据

答案：C

【解析】中央处理器（CPU）直接与内存打交道，即 CPU 可以直接访问内存。而外存储器只能先将数据指令调入内存然后再由内存调入 CPU，CPU 不能直接访问外存储器。

41．通常所说的 I/O 设备是指（　　）。

A．输入输出设备　　　　　　　　B．通信设备

C．网络设备　　　　　　　　　　D．控制设备

答案：A

【解析】I/O 设备就是指输入输出设备。

42．下列各组设备中，全部属于输入设备的一组是（　　）。

A．键盘、磁盘和打印机　　　　　B．键盘、扫描仪和鼠标

C．键盘、鼠标和显示器　　　　　D．硬盘、打印机和键盘

答案：B

【解析】输入设备包括键盘、鼠标、扫描仪、外存储器等；输出设备包括显示器、打印机、绘图仪、音响、外存储器等。外存储器既属于输出设备又属于输入设备。

43．操作系统的功能是（　　）。

A．将源程序编译成目标程序

B．负责诊断计算机的故障

C．控制和管理计算机系统的各种硬件和软件资源的使用

D．负责外设与主机之间的信息交换

答案：C

【解析】操作系统是控制和管理计算机硬件和软件资源并为用户提供方便的操作环境的程序集合。

44．将高级语言编写的程序翻译成机器语言程序，采用的两种翻译方法是（　　）。

A．编译和解释　　　　　　　　　B．编译和汇编

C．编译和连接　　　　　　　　　D．解释和汇编

答案：A

【解析】计算机不能直接识别并执行高级语言编写的源程序，必须借助另外一个翻译程序对它进行翻译，把它变成目标程序后机器才能执行，在翻译过程中通常采用两种方式：解释和编译。

45．微型计算机硬件系统中最核心的部位是（　　）。

A．主板　　　　　　　　　　　　B．CPU

C．内存储器　　　　　　　　　　D．I\O 设备

答案：B

【解析】微型计算机硬件系统由主板、中央处理器（CPU）、内存储器和输入输出（I/O）设备组成，其中中央处理器（CPU）是硬件系统中最核心的部件。

46. Word 字处理软件属于（ 　 ）。

　　A．管理软件　　　　　B．网络软件　　　C．应用软件　　　D．系统软件

答案：C

【解析】应用软件是指人们为解决某一实际问题，达到某一应用目的而编制的程序。图形处理软件、字处理软件、表格处理软件等属于应用软件。Word 是字处理软件，属于应用软件。

47. 输入/输出设备必须通过 I/O 接口电路才能与（ 　 ）连接。

　　A．地址总线　　　　　　　　　　B．数据总线

　　C．控制总线　　　　　　　　　　D．系统总线

答案：D

【解析】地址总线的作用是：CPU 通过它对外设接口进行寻址，也可以通过它对内存进行寻址。数据总线的作用是：通过它进行数据传输，表示一种并行处理的能力。控制总线的作用是：CPU 通过它传输各种控制信号，系统总线包括上述三种总线，具有相应的综合性功能。

48. 计算机网络最突出的优点是（ 　 ）。

　　A．运算速度快　　　　　　　　　B．存储容量大

　　C．运算容量大　　　　　　　　　D．可以实现资源共享

答案：D

【解析】计算机网络的主要功能是数据通信和共享资源。数据通信是指计算机网络中可以实现计算机与计算机之间的数据传送。共享资源包括共享硬件资源、软件资源和数据资源。

49. 微型计算机主机的主要组成部分有（ 　 ）。

　　A．运算器和控制器　　　　　　　B．CPU 和硬盘

　　C．CPU 和显示器　　　　　　　　D．CPU 和内存储器

答案：D

【解析】计算机主机主要由 CPU 和内存储器两部分组成。

50. 调制解调器的功能是（ 　 ）。

　　A．将数字信号转换成模拟信号　　B．将模拟信号转换成数字信号

　　C．将数字信号转换成其他信号　　D．在数字信号与模拟信号之间进行转换

答案：D

【解析】调制解调器（即 Modem）是计算机与电话线之间进行信号转换的装置，由调制器和解调器两部分组成，调制器是把计算机的数字信号（如文件等）调制成可在电话线上传输的模拟信号（如声音信号）的装置，在接收端，解调器再把模拟信号（声音信号）转换成计算机能接收的数字信号。通过调制解调器和电话线可以实现计算机之间的数据通信。

51. 下面四条常用术语的叙述中，有错误的是（ 　 ）。

　　A．光标是显示屏上指示位置的标志

　　B．汇编语言是一种面向机器的低级程序设计语言，用汇编语言编写的程序计算机能直接执行

　　C．总线是计算机系统中各部件之间传输信息的公共通路

　　D．读写磁头是既能从磁表面存储器读出信息又能把信息写入磁表面存储器的装置

答案：B

【解析】用汇编语言编制的程序称为汇编语言程序，汇编语言程序不能被机器直接识别和执行，必须由汇编程序（或汇编系统）翻译成机器语言程序才能运行。

52. 计算机运算部件一次能同时处理的二进制数据的位数称为（　　）。

  A．位     B．字节    C．字长    D．波特

答案：C

【解析】字长是指计算机一次能直接处理的二进制数据的位数，字长越长，计算机的整体性能越强。

## 二、简答题

1. 一个完整的微型计算机系统应包括哪些组成部件并说明各自在系统中所处的地位。

答：一个完整的微机系统应包括硬件系统和软件系统两部分。

（1）硬件系统：包括中央处理器、存储器、输入设备、输出设备。

- 中央处理器：它是计算机系统的核心，主要包括运算器和控制器。
- 存储器（分内存储器、外存储器）：它是计算机的记忆部件。
- 输入设备：它是外界向计算机传送信息的装置。
- 输出设备：它是将计算机中的数据信息传送到外部媒介，并转化成某种人们所需要的表示形式。

（2）软件系统：包括系统软件、应用软件。

2. 列举一些常见的输入输出设备。

答：输入设备：键盘、鼠标器、图形扫描仪、数字化仪、条形码输入器。

输出设备：显示器、打印机和绘图仪。

3. 什么是计算机操作系统？它具有的基本功能有哪些？

答：为了使计算机系统的所有资源（包括中央处理器、存储器、各种外部设备及各种软件）协调一致、有条不紊地工作，就必须有一个软件来进行统一管理和统一调度，这种软件称为操作系统。它是系统软件的核心，所有的其他软件都建立在操作系统的基础上。操作系统的主要功能有以下五个方面：处理器管理，存储管理，设备管理，文件管理，作业管理。

4. 什么是应用软件？

答：应用软件是指计算机用户利用计算机的软硬件资源为某一专门应用目的而开发的软件。

5. CPU 的主要指标是什么？

答：

CPU 字长：CPU 的字长（位数）通常是指 CPU 内部数据总线宽度或位数。它是 CPU 数据处理能力的重要性能指标。

CPU 主频：CPU 主频也叫 CPU 的工作频率或 CPU 内部总线频率，是 CPU 内核（整数和浮点运算器）电路的实际运行频率，亦是 CPU 自身工作频率。

CPU 外频：CPU 的外频也是指 CPU 从主板上获得的工作频率。它是由主板上晶体震荡电路为 CPU 提供的基准时钟频率，也就是主板的工作频率。

CPU 倍频系数：CPU 倍频系数是指 CPU 主频与外频之间的相对比关系。

CPU 主频、外频和倍频系数关系如下：

CPU 主频 ＝CPU 外频×倍频系数

前端总线频率：前端总线（Front Side Bus，FSB）指主板芯片组中的北桥芯片与 CPU 之间传输数据的通道，因此也可以称为是 CPU 的外部总线。

6．计算机存储器可分为哪两类？

答：计算机的存储器分为两大类：一类是设在主机中的内部存储器，也叫主存储器，用于存放当前运行的程序和程序所用的数据，属于临时存储器；另一类是属于计算机外部设备的存储器，叫外部存储器，简称外存，也叫辅助存储器（简称辅存）。

7．多媒体技术具有哪几个特点？

答：

集成性：多媒体技术必须将多种媒体集成为一个整体。

实时性：是指对具有时间要求的媒体（如声音、动画和视频等）可以及时地进行加工处理、存储、压缩、解压缩和播放等操作。多媒体技术必须支持多种媒体的实时处理。

交互性：是指人们可以参与到各种媒体的加工、处理、存储、输出等过程当中，能够灵活、有效地控制和应用各种媒体信息。即以人机交互这种较为自然的方式处理多媒体事物。

计算机化：必须利用计算机作为处理媒体信息的工具。

数字化：必须以数字技术为核心。

8．什么是数据库系统？

答：数据库系统是 20 世纪 60 年代后期才产生并发展起来的，它是计算机科学中发展最快的领域之一。数据库（DB）是存储在计算机存储设备上的有结构、有组织的数据的集合。数据库管理系统（DBMS）是一个在操作系统支持下进行工作的庞大软件，主要是面向解决数据的非数值计算问题，目前主要用于档案管理、财务管理、图书资料管理及仓库管理等的数据处理。此类数据的特点是数据量比较大，数据处理的主要内容为数据的输入、存储、查询、修改、更新、排序、分类等。数据库技术是针对这类数据的处理而产生发展起来的，目前仍在不断地发展和完善。

9．什么是程序设计语言？它分为哪几种？

答：程序设计语言是一组程序，它是人们为了方便使用计算机而开发的人与计算机交互的工具，以便人把自己的意图告诉计算机，而计算机又要把它的工作结果告诉人们。人与计算机交互所使用的语言称为程序设计语言。

程序设计语言又分为机器语言、汇编语言和高级语言。

10．通常有哪几项主要技术指标来衡量微型计算机性能的好坏？

答：

（1）字长

字长是指微型计算机能直接处理的二进制数据的位数。字长越长，微机的运算速度越快，运算精度越高，内存容量越大，微机的功能越强，所以字长是微机的一个重要性能指标。微机按字长可分为 8 位机（如早期的 Apple E 机）、16 位机（如 286 微机）、32 位机（如 386、486 奔腾机）和 64 位机（高档微机）等。

（2）内存容量

内存容量是指微机内存储器的容量，它表示内存储器所能容纳信息的字节数。常用的存储单位有：

1）位（bit）：位表示一位二进制信息，可存放一个 0 或 1。位是计算机中存储信息的最小单位。

2）字节（Byte）：字节是计算机中存储器的一个存储单元，由 8 个二进制位组成。字节（B）是存储容量的基本单位，常用的单位有：

KB  1KB=1024B=210B

MB  1MB=1024KB=1024×1024B=$2^{20}$B

GB  1GB=1024MB=1024×1024KB=1024×1024×1024B=$2^{30}$B

TB  1TB=1024GB=1024×1024MB=1024×1024×1024KB=1024×1024×1024×1024B=$2^{40}$B

内存容量越大，它所能存储的数据和运行的程序就越多，程序运行的速度就越快，微机处理信息的能力就越强，所以内存容量也是微机的一个重要性能指标。286 微机的内存容量多为 1MB，386 微机的内存容量为 2～4MB，486 微机的内存容量一般为 4～8MB，高档微机（如奔腾机）的内存容量一般为 32MB、64MB、128MB、256MB 或更大。

（3）存取周期

存取周期是指对存储器进行一次完整的存取（即读/写）操作所需的时间，即存储器进行连续存取操作所允许的最短时间间隔。存取周期越短，则存取速度越快。存取周期的大小影响微机运算速度的快慢。目前，微机中使用的是大规模或超大规模集成电路存储器，其存取周期在几毫微秒到几百毫微秒（ns）。

（4）主频

主频是指微机 CPU 的时钟频率。主频的单位是 MHz（兆赫兹）。主频的大小在很大程度上决定了微机运算速度的快慢，主频越高微机的运算速度就越快。386 微机的主频为 16～40MHz，486 微机的主频为 25～100MHz，奔腾机的主频目前最高已达 300MHz 以上。

（5）运算速度

运算速度是指微机每秒钟能执行多少条指令，是用来衡量 CPU 工作快慢的指标，通常以每秒完成多少次运算来衡量（例如：每秒百万条指令数，简称 MIPS）。这个指标不但与 CPU 的主频有关，还与内存、硬盘等硬件的工作速度以及微机的字长有关。

除了上述 5 个主要技术指标外，还有其他一些因素也对微机的性能起到重要作用，它们有：

1）可靠性：指微型计算机系统平均无故障工作时间。无故障工作时间越长，系统就越可靠。

2）可维护性：指微机的维修效率，通常用故障平均排除时间来表示。

3）可用性：指微机系统的使用效率，可以用系统在执行任务的任意时刻所能正常工作的概率来表示。

4）兼容性：兼容性强的微机，有利于推广应用。

5）性能价格比：这是评估微机系统性能的一项综合性指标。性能包括硬件和软件的综合性能，价格是整个微机系统的价格，与微机系统的配置有关。

## 第四节　素质拓展

Intel 处理器：

1971 年：4004 微处理器

Intel 在 1969 年为日本计算机制造商 Busicom 的一项专案着手开发第一款微处理器，为一系列可程式化计算机研发多款晶片。最终，英特尔在 1971 年 11 月 15 日向全球市场推出 4004 微处理器，当年 Intel 4004 处理器每颗售价为 200 美元。4004 是英特尔第一款微处理器，为日后开发系统智能功能以及个人电脑奠定发展基础，其晶体管数目约为 2 千 3 百颗。

1972 年：8008 微处理器

1972 年，Intel 推出 8008 微处理器，其运算能力是 4004 的两倍。Radio Electronics 于 1974 年刊载一篇文章介绍一部采用 8008 的 Mark-8 装置，被公认是第一部家用电脑，在当时的标准来看，这部电脑在制造、维护与运作方面都相当困难。Intel 8008 晶体管数目约为 3 千 5 百颗。

1974 年：8080 微处理器

1974 年，Intel 推出 8080 处理器，并作为 Altair 个人电脑的运算核心，Altair 在《星舰奇航》电视影集中是企业号太空船的目的地。电脑迷当时可用 395 美元买到一组 Altair 的套件。它在数个月内卖出数万套，成为史上第一款下订单后制造的机种。Intel 8080 晶体管数目约为 6 千颗。

1978 年：8086、8088 微处理器

取得 IBM 新成立的个人电脑部门敲定的重要销售合约，让 Intel 8088 处理器成为 IBM 新款畅销产品，IBM 个人电脑的大脑——Intel 8088 处理器的成功将英特尔送上财富杂志 500 大企业排行榜，财富杂志将英特尔评为"70 年代最成功的企业"之一。Intel 8088 晶体管数目约为 2 万 9 千颗。

1982 年：80286 微处理器

80286（也被称为 286）是英特尔首款能执行所有旧款处理器专属软件的处理器，这种软件相容性之后成为英特尔全系列微处理器的注册商标，在 6 年的销售期中，估计全球各地共安装了 1500 万部 286 个人电脑。Intel 80286 处理器晶体管数目为 13 万 4 千颗。

1985 年：80386 微处理器

Intel 80386 微处理器内含 27 万 5 千个晶体管，比当初的 4004 多了 100 倍以上，这款 32 位微处理器首次支持多工任务设计，能同时执行多个程序。Intel 80386 晶体管数目约为 27 万 5 千颗。

1989 年：Intel 80486 微处理器

Intel 80486 处理器时代让电脑从命令列转型至点选式（Point To Click）的图形化操作环境，史密森美国历史博物馆的科技史学家 David K. Allison 回忆道："当时我拥有了第一部彩色荧幕电脑，开始能以大幅加快的速度进行桌面排版作业。"Intel 80486 处理器率先内建数学协同处理器，由于能扮演中央处理器处理复杂数学运算，因此能加快整体运算的速度。Intel 80486 晶体管数目为 120 万颗。

1993 年：Intel Pentium 处理器

Pentium 是 Intel 首个放弃利用数字来命名的处理器产品，它在微架构上取得了突破，让电脑更容易处理 "现实世界"的资料，例如语音、声音、书写、以及相片影像。源自漫画与电视脱口秀的 Pentium，在问市后立即成为家喻户晓的名字，Intel Pentium 处理器晶体管数目为 310 万颗。

1996 年：Intel Pentium Pro 处理器

初步占据了一部分 CPU 市场的 Intel 并没有停下自己的脚步，在其他公司还在不断追赶自己的奔腾之际，又在 1996 年推出了最新一代的第六代 X86 系列 CPU——P6。P6 只是它的研

究代号，上市之后 P6 有了一个非常响亮的名字叫 PentiumPro。PentiumPro 的内部含有高达 550 万个的晶体管，内部时钟频率为 133MHz，处理速度几乎是 100MHz 的 Pentium 的 2 倍。PentiumPro 的一级（片内）缓存为 8KB 指令和 8KB 数据。值得注意的是在 PentimuPro 的一个封装中除 PentimuPro 芯片外还包括有一个 256KB 的二级缓存芯片，两个芯片之间用高频的内部通信总线互连，处理器与高速缓存的连接线路也被安置在该封装中，这样就使高速缓存能更容易地运行在更高的频率上。PentiumPro 200MHz CPU 的 L2CACHE 就是运行在 200MHz，也就是工作在与处理器相同的频率上。这样的设计令 PentiumPro 达到了最高的性能。而 PentimuPro 最引人注目的地方是它具有一项称为"动态执行"的创新技术，这是继 Pentium 在超标量体系结构上实现突破之后的又一次飞跃。PentimuPro 系列的工作频率是 150MHz/166MHz/180MHz/200MHz，一级缓存都是 16KB，而前三者都有 256KB 的二级缓存。至于频率为 200MHz 的 CPU 还分为三种版本，这三种版本的不同就在于它们的内置的缓存分别是 256KB、512KB 和 1MB。

1997 年：Intel Pentium II 处理器

内含 750 万个晶体管的 Pentium II 处理器结合了 Intel MMX 技术，能以极高的效率处理影片、音效以及绘图资料，首次采用 Single Edge Contact（S.E.C）匣型封装，内建了高速快取记忆体。这款晶片让电脑使用者撷取、编辑、以及透过网际网络和亲友分享数位相片，编辑与新增文字、音乐或制作家庭电影的转场效果，使用视讯电话以及透过标准电话线与网际网络传送影片，Intel Pentium II 处理器晶体管数目为 750 万颗。

1998 年：Intel Celeron 处理器

1998 年，AMD 的低价政策奏效，以 1/3 于 Intel 同时脉处理器的价格，成功地大举入侵低价处理器市场，当时基本型电脑大行其道，加上 AMD 的 K6-2 处理器本身的整数运算能力优，非常适合一般家庭的基本需求，各大厂纷纷推出 Socket-7 平台的低价电脑。这段时间，Intel 为了完全主导下一代处理器走向，宣布放弃 Socket-7 架构，和美国国家半导体共同发表了新一代架构—Slot-1，并且推出全新架构的处理器—Pentium II。虽然这款处理器成功地打入主流市场，不过昂贵的 Pentium II 加上昂贵的主机板，使得 Intel 完全失去低价市场的这块大饼。为了入侵这块市场，推出新款的低价处理器投入战场势在必行。但设计一款新的处理器所需要投资的初期研发成本相当高，所以 Intel 打算从原有的 Pentium II 处理器着手，在 1998 年 3 月的时候，Intel 正式推出新款处理器—Celeron。当初推出的 Celeron 处理器，架构上维持和 Pentium II 相同（Deschutes），采用 Slot-1 架构，核心架构也和 Pentium II 一样，具有 MMX 多媒体指令集，但是原本在 Pentium II 上的两颗 L2 快取记忆体则被取消了。Intel 拿掉 L2 快取记忆体，除了可以降低成本之外，最主要的是为了和当时的主流 Pentium II 在效能上有所分别。除了 L2 快取记忆体，处理器的外部工作频率（Front Side BUS）也是 Intel 用来区分主流与低价处理器的分水岭。当时 Intel Pentium II 处理器的外频为 100MHz（最早是 Pentium II 350），而属于低价的 Celeron 则是维持传统的 66 MHz。Celeron 的核心架构和 Pentium II 完全相同，只是少了 L2 快取记忆体，这对整体效能上的影响到底大不大，看看今天的 P3C 大家心里应该就有个底了。举例来说，核心时脉同样为 500 MHz 的 P3 处理器，外频相同的状态下，On-Die 256K 全速 L2 快取记忆体的 P3 500E，效能上硬是比 P3 500 的半速 512K L2 快取记忆体要来得快，光是 L2 快取记忆体的速度就有如此大的影响（先撇开 ATC 以及 ASB 不谈），更何况是没有 L2 快取记忆体。Cache-less 的 Celeron 低价处理器刚刚推出时，目标放在低价电脑上。由于采用 Slot-1 架构，当时可以搭配的主机板晶片组只有 440 LX 以及 440BX，不过这种类型的主机板都是以搭配 Pentium II 为主，价位上也难以压低，加上 Cache-Less 的 Celeron 处理器在 Winstone 测试中成绩低得可怜，所以，Intel 最早推出的 Celeron 266/300 MHz，在效能上一直为大家所唾弃。

1998 年：Intel Celeron 300A 处理器

1998 年 8 月 24 日，这个日子让像笔者这样热爱硬件的人们都会无法忘记。Intel 推出了装有二级高速缓存的赛扬 A 处理器，这就是日后被众多 DIYer 捧上神坛的赛扬 300A，一个让经典不能再经典的型号。赛扬 300A，从某种意义上已经是 Intel 的第二代赛扬处理器。第一代的赛扬处理器仅仅拥有 266MHz、300MHz 两种版本，第一代的 Celeron 处理器由于不拥有任何的二级缓存，虽然有效地降低了成本，但是性能无法让人满意。为了弥补性能上的不足，Intel 终于首次推出带有二级缓存的赛扬处理器——采用 Mendocino 核心的 Celeron 300A、Celeron 333、Celeron 366。经典，从此诞生。赛扬 300A 的经典，并不仅仅是因为它的超频（多数赛扬 300A 可以轻松超频至 550MHz），还在于赛扬 300A 的超频性几乎造就了一条专门为它而生的产业链，主板、转接卡……，有多少这样的产品就是为了赛扬 300A 而生。一时间，报纸杂志网络媒体都在讨论这款 Celeron 300A 的超频方式、技巧、配合主板、内存等。DIY 的超频时代正式到临。

1999 年：Intel Pentium III 处理器

Intel Pentium III 处理器加入 70 多个新指令，加入网际网络串流 SIMD 延伸集称为 MMX，能大幅提升先进影像、3D、串流音乐、影片、语音辨识等应用的性能，它还能大幅提升网际网络的使用体验，让使用者能浏览逼真的线上博物馆与商店，以及下载高品质影片。Intel 首次导入 0.25 微米技术，Intel Pentium III 晶体管数目约为 950 万颗。

2000 年：Intel Pentium 4 处理器

采用 Pentium 4 处理器内建了 4200 万个晶体管，以及采用 0.18 微米的电路，首款微处理器 Intel 4004 的运作频率为 108KHz。Pentium 4 初期推出版本的速度就高达 1.5GHz，若汽车速度在同一时期以相同的速度向上攀升，从旧金山开车到纽约仅仅需要 13 秒，Pentium 4 处理器晶体管数目约为 4200 万颗，2001 年 8 月，Pentium 4 处理器的频率达到 2GHz（勘称里程碑）。

2002 年：Intel Pentium 4 HT 处理器

英特尔推出新款 Intel Pentium 4 处理器内含创新的 Hyper-Threading（HT）超线程技术。超线程技术打造出新等级的高性能桌上型电脑，能同时快速执行多项运算应用，给支持多重线程的软件带来更高的性能。超线程技术让电脑性能增加 25%。除了为桌上型电脑使用者提供超线程技术外，英特尔也达成另一项电脑里程碑，就是推出运作频率达 3.06 GHz 的 Pentium 4 处理器，它是首款每秒执行 30 亿个运算周期的商业微处理器。如此优异的性能要归功于当时业界最先进的 0.13 微米制程技术，2003 年，内建超线程技术的 Intel Pentium 4 处理器频率达到 3.2 GHz。

2003 年：Intel Pentium M 处理器

Pentium M 是英特尔公司的 x86 架构微处理器，由以色列小组专门设计的新型移动 CPU，供笔记本型个人电脑使用，亦被作为 Centrino 的一部分，于 2003 年 3 月推出。公布有以下主频：标准 1.6GHz、1.5GHz、1.4GHz、1.3GHz，低电压 1.1GHz，超低电压 900MHz。为了在低主频得到高效能，Banias 作出了优化，使每个时钟所能执行的指令数目更多，并通过高级分支预测来降低错误预测率。另外最突出的改进就是 L2 高速缓存增至 1MB（P3-M 和 P4-M 都只有 512KB），估计 Banias 数目高达 7700 万的晶体管大部分就用在这上。此外还有一系列与减少功耗有关的设计。增强型 Speedstep 技术是必不可少的了，拥有多个供电电压和计算频率，从而使性能可以更好地满足应用需求。智能供电分布可将系统电量集中分布到处理器需要的地方，（MVPIV）技术可根据处理器活动动态地降低电压，从而支持更低的散热设计功率和更小巧的外形设计。经优化功率的 400MHz 系统总线。Micro-OpsFusion 微操作指令融合技术，在存在多个可同时执行的指令的情况下，将这些指令合成为一个指令，以提高性能与电力使用效率。专用的堆栈管理器，使用记录内部运行情况的专用硬件，处理器可无中断执行程序。Banias 所对应的芯片组为 855 系列。855 芯片组由北桥芯片 855 和南桥芯片 ICH4-M 组成。北桥芯片分为不带内置显卡的 855PM（代号 Odem）和带内置显卡的 855GM（代号 Montara-GM），支持高达 2GB 的 DDR266/200 内存，AGP4X，USB2.0，两组 ATA-100、AC97 音效及 Modem。其中 855GM 为三维及显示引擎优化 Internal Clock Gating，它可以在需要时才进行三维显示引擎供电，从而降低芯片组的功率。

2005 年：Intel Pentium D 处理器

首颗内含 2 个处理核心的 Intel Pentium D 处理器登场，正式揭开 x86 处理器多核心时代。

2006 年：Intel Core 2 Duo 处理器

Core 微架构桌面处理器，核心代号 Conroe 将命名为 Core 2 Duo/Extreme 家族，其 E6700 2.6GHz 型号比以前推出的最强的 Intel Pentium D 960（3.6GHz）处理器，在性能方面提升了 40%，省电效率也增加 40%，Core 2 Duo 处理器内含 2.91 亿个晶体管。

2008 年：Intel Atom 处理器

2008 年 6 月 3 日，英特尔在北京向媒体介绍了他们与台北电脑展上同步推出的凌动处理器 Atom。英特尔凌动处理采用 45 纳米制造工艺，2.5 瓦超低功耗，价格低廉且性能满足基本需求，主要为上网本（Netbook）和上网机（Nettop）使用。作为具有简单易用、经济实惠的新型上网设备——上网本和上网机，它们主要具有较好的互联网功能，还可以进行学习、娱乐、图片、视频等应用，是经济与便携相结合的新电脑产品。其最具代表性的产品为半年前华硕率先推出的 Eee PC，而现在戴尔、宏基、惠普等众多厂商也纷纷推出同类产品，行业对该市场前景乐观。这次推出的英特尔凌动处理器分为两款，为上网本设计的凌动 N270 与为上网机设计的凌动 230，搭配 945GM 芯片组，可以满足基本的视频、图形、浏览需求。并且体积小巧，同时价格能控制在低于主流电脑的价位。据英特尔核算，采用凌动处理器的上网本可以做到低至 250 美元左右，而上网机则不会超过 300 美元。会上英特尔展示了以长城、海尔、同方为代表的上网机和上网本设备。其中一款同方的上网机售价预计在 1999 元左右，主要用于连接液晶电视，通过遥控器进行各种上网和数码应用，并具备安装 Windows XP 系统进行电脑应用的能力。而多款国产上网本售价当时还并未公布，但估计定价会在 2999 元左右以赢得市场。

2008 年：Intel Core i7 处理器

Intel 官方正式确认，基于全新 Nehalem 架构的新一代桌面处理器将沿用 Core（酷睿）名称，命名为"Intel Core i7"系列，至尊版的名称是"Intel Core i7 Extreme"系列。Core i7（中文：酷睿 i7），核心代号 Bloomfield 的处理器是英特尔于 2008 年推出的 64 位四核心 CPU，沿用 x86-64 指令集，并以 Intel Nehalem 微架构为基础，取代 Intel Core 2 系列处理器。Nehalem 曾经是 Pentium 4 10 GHz 版本的代号。Core i7 的名称并没有特别的含义，Intel 表示取 i7 此名的原因只是听起来悦耳。i 的意思是智能（intelligence 的首字母），而 7 则没有特别的意思，更不是指第 7 代产品。Core 就是延续上一代 Core 处理器的成功，有些人会以"爱妻"昵称之。官方的正式推出日期是 2008 年 11 月 17 日。早在 11 月 3 日，官方已公布相关产品的售价，网上评测亦陆续被解封。

2009 年：Intel Core i5 处理器

酷睿 i5 处理器是英特尔的一款产品，同样基于 Intel Nehalem 微架构。与 Core i7 支持三通道存储器不同，Core i5 只会集成双通道 DDR3 存储器控制器。另外，Core i5 会集成一些北桥的功能，将集成 PCI-Express 控制器。接口亦与 Core i7 的 LGA 1366 不同，Core i5 采用全新的 LGA 1156。处理器核心代号 Lynnfiled，采用 45 纳米制程的 Core i5 会有四个核心，不支持超线程技术，总共仅提供 4 个线程。L2 缓冲存储器方面，每一个核心拥有各自独立的 256KB，并且共享一个达 8MB 的 L3 缓冲存储器。芯片组方面，采用 Intel P55（代号：IbexPeak）。它除了支持 Lynnfield 外，还会支持 Havendale 处理器。后者虽然只有两个处理器核心，但却集成了显示核心。P55 会采用单芯片设计，功能与传统的南桥相似，支持 SLI 和 Crossfire 技术。但是，与高端的 X58 芯片组不同，P55 不会采用较新的 QPI 连接，而会使用传统的 DMI 技术。接口方面，可以与其他的 5 系列芯片组兼容。它会取代 P45 芯片组。

2010 年：Intel Core i3 处理器

酷睿 i3 作为酷睿 i5 的进一步精简版，是面向主流用户的 CPU 家族标识。拥有 Clarkdale（2010 年）、Arrandale（2010 年）、Sandy Bridge（2011 年）等多款子系列。

2011 年：Intel Sandy Bridge 处理器

SNB（Sandy Bridge）是英特尔在 2011 年初发布的新一代处理器微架构。这一构架的最大意义莫过于重新定义了"整合平台"的概念，与处理器"无缝融合"的"核芯显卡"终结了"集成显卡"的时代。这一创举得益于全新的 32 纳米制造工艺。由于 Sandy Bridge 构架下的处理器采用了比之前的 45 纳米工艺更加先进的 32 纳米制造工艺，理论上实现了 CPU 功耗的进一步降低，及其电路尺寸和性能的显著优化，这就为将整合图形核心（核芯显卡）与 CPU 封装在同一块基板上创造了有利条件。此外，第二代酷睿还加入了全新的高清视频处理单元。视频转解码速度的高与低跟处理器是有直接关系的。由于高清视频处理单元的加入，新一代酷睿处理器的视频处理时间比老款处理器至少提升了 30%。

2012 年：Intel Ivy Bridge 处理器

2012 年 4 月 24 日下午在北京天文馆，Intel 正式发布了 Ivy Bridge（IVB）处理器。22 纳米 Ivy Bridge 会将执行单元的数量翻一番，达到最多 24 个，这自然会带来性能上的进一步跃进。Ivy Bridge 会加入对 DX11 支持的集成显卡。另外新加入的 XHCI USB 3.0 控制器则共享其中四条通道，从而提供最多四个 USB 3.0，从而支持原生 USB 3.0。采用 3D 晶体管技术制作的 CPU 耗电量会减少一半。

AMD 处理器：

1981 年，AMD 287 FPU 使用 Intel80287 核心。产品的市场定位和性能与 Intel80287 基本相同。也是迄今为止 AMD 公司唯一生产过的 FPU 产品，十分稀有。

AMD 8080（1974 年）、8085（1976 年）、8086（1978 年）、8088（1979 年）、80186（1982 年）、80188、80286 微处理器，使用 Intel8080 核心。产品的市场定位和性能与 Intel 同名产品基本相同。

AMD 386（1991 年）微处理器，核心代号 P9，有 SX 和 DX 之分，分别与 Intel80386SX 和 Intel80386DX 相兼容的微处理器。AMD 386DX 与 Intel 386DX 同为 32 位处理器。不同的是 AMD 386SX 是一个完全的 16 位处理器，而 Intel 386DX 是一种准 32 位处理器（内部总线 32 位，外部 16 位）。AMD 386DX 的性能与 Intel80386DX 相差无己，同为当时的主流产品。AMD 也曾研发了 386DE 等多种基于 386 核心的嵌入式产品型号。

AMD 486DX（1993 年）微处理器，核心代号 P4，是 AMD 自行设计生产的第一代 486 产品。而后陆续推出了其他 486 级别的产品，常见的型号有：486DX2，核心代号 P24；486DX4，核心代号 P24C；486SX2，核心代号 P23 等。其他衍生型号还有 486DE、486DXL2 等，这些型号比较少见。AMD 486 的最高频率为 120MHz（DX4-120），这是第一次在频率上超越了强大的竞争对手 Intel。

AMD 5X86（1995 年）微处理器，核心代号 X5，是 AMD 公司在 486 市场的利器。486 时代的后期，TI（德州仪器）推出了高性价比的 TI486DX2-80，很快占领了中低端市场，Intel 也推出了高端的 Pentium 系列。AMD 为了抢占市场的空缺，便推出了 5x86 系列 CPU（几乎是与 Cyrix 5x86 同时推出）。它是 486 级最高频的产品——33*4、133MHz，0.35 微米制造工艺，内置 16KB 一级回写缓存，性能直指 Pentium75，并且功耗要小于 Pentium。

AMD K5（1997 年）微处理器，1997 年发布。因为研发问题，其上市时间比竞争对手 Intel 的"奔腾"晚了许多，再加上性能并不十分出色，这个不成功的产品一度使得 AMD 的市场份额大量丧失。K5 的性能非常一般，整数运算能力比不上 Cyrix x86，但比"奔腾"略强；浮点预算能力远远比不上"奔腾"，但稍强于 Cyrix 6x86。综合来看，K5 属于实力比较平均的产品，而上市之初的低廉的价格比其性能更加吸引消费者。另外，当时高端的 K5-RP200 产量很小，并且没有在中国大陆销售。

AMD K6（1997 年）处理器是与 Intel Pentium MMX 同档次的产品。是 AMD 在收购了 NexGen，融入当时先进的 NexGen 686 技术之后的力作。它同样包含了 MMX 指令集以及比 Pentium MMX 整整大出一倍的 64KB 的 L1 缓存。整体比较而言，K6 是一款成功的产品，只是在性能方面略差，浮点运算能力依旧低于 Pentium MMX。

K6-2（1998 年）系列微处理器曾经是 AMD 的拳头产品，现在我们称之为经典。为了打败竞争对手 Intel，AMD K6-2 系列微处理器在 K6 的基础上做了大幅度的改进，其中最主要的是加入了对"3DNow！"指令的支持。"3DNow！"指令是对 X86 体系的重大突破，此项技术带给我们的好处是大大加强了计算机的 3D 处理能力，带给我们真正优秀的 3D 表现。当你使用专门"3DNow！"优化的软件时就能发现，K6-2 的潜力是多么的巨大。而且大多数 K6-2 并没有锁频，加上 0.25 微米制造工艺带给我们的低发热量，能很轻松地超频使用。也就是从 K6-2 开始，超频不再是 Intel 的专有名词。同时，K6-2 也继承了 AMD 一贯的传统，同频型号比 Intel 产品价格要低 25%左右，市场销量惊人。K6-2 系列上市之初使用的是"K6 3D"这个名字（"3D"即"3DNow！"），待到正式上市才正名为 K6-2。正因为如此，大多数"K6 3D"为 ES（少量正式版，毕竟没有量产）。"K6 3D"曾经有一款非标准的 250MHz 产品，但是在正式的 K6-2 系列中并没有出现。K6-2 的最低频率为 200MHz，最高达到 550MHz。

AMD 于 1999 年 2 月推出了代号为 Sharptooth（利齿）的 K6-3（1998 年）系列微处理器，它是 AMD 推出的最后一款支持 Super 架构和 CPGA 封装形式的 CPU。K6-3 采用了 0.25 微米制造工艺，集成 256KB 二级缓存（竞争对手英特尔的新赛扬是 128KB），并以 CPU 的主频速度运行。而曾经的 Socket 7 主板上的 L2 此时就被 K6-3 自动识别为了 L3，这对于高频率的 CPU 来说无疑很有优势，虽然 K6-3 的浮点运算依旧差强人意。因为各种原因，K6-3 投放市场之后难觅踪迹，价格也并非平易近人，即便是更加先进的 K6-3+出现之后。

AMD 于 2001 年 10 月推出了 K8 架构。尽管 K8 和 K7 采用了一样数目的浮点调度程序窗口（Scheduling Window），但是整数单元从 K7 的 18 个扩充到了 24 个。此外，AMD 将 K7 中的分支预测单元做了改进。全历史计数缓冲器（Global History Counter Buffer，用于记录 CPU 在某段时间内对数据的访问）比起 Athlon 来足足大了 4 倍，并在分支测错前流水线中可以容纳更多指令数，AMD 在整数调度程序上的改进让 K8 的管线深度比 Athlon 多出 2 级。增加 2 级线管深度的目的在于提升 K8 的核心频率。在 K8 中，AMD 增加了后备式转换缓冲，这是为了应对 Opteron 在服务器应用中的超大内存需求。

AMD 于 2007 下半年推出 K10 架构。

采用 K10 架构的 Barcelona 为四核，并有 4.63 亿个晶体管。Barcelona 是 AMD 第一款四核处理器，原生架构基于 65 纳米工艺技术。和 Intel Kentsfield 四核不同的是，Barcelona 并不是将两个双核封装在一起，而是真正的单芯片四核心。

AMD 于 2008 年推出 K10.5 架构，该架构采用 45 纳米制造工艺。引进三级缓存的新概念。

# 第三章　操作系统

## 第一节　学习大纲

### 一、学习目的和基本要求

通过本章学习使学生了解操作系统的基本功能和作用，掌握 Windows 操作系统的基本操作和应用。

- 了解操作系统的基本概念及常见的操作系统。
- 重点掌握 Windows 7 操作系统，包括其界面、窗口组成及其基本操作。
- 鼠标的基本操作。
- 应用程序的运行与退出、资源管理器、文件与文件夹的操作。
- 磁盘操作、中文输入法、创建快捷方式。
- 会使用 Windows 7 操作系统。

### 二、主要内容和逻辑结构

本章围绕 Windows 7 操作系统，首先介绍操作系统的基本概念及常见的操作系统，然后介绍了 Windows 7 操作系统的基本概念和常用术语，最后从几个方面详细介绍了 Windows 7 操作系统的使用。

- 操作系统的基本概念、功能、组成和分类。
- Windows 操作系统的基本概念和常用术语、文件、文件名、目录（文件夹）、目录（文件夹）树和路径等。
- Windows 概述、特点和功能、配置和运行环境；Windows 的"开始"按钮、"任务栏""菜单""图标"等的使用。
- 应用程序的运行和退出。
- 掌握"资源管理器"的操作与应用。
- 文件和文件夹的创建、移动、删除、复制、更名及设置属性等操作。
- 软盘格式化和整盘复制，磁盘属性的查看等操作。
- 中文输入法的安装、删除和选用。
- 在 Windows 环境下使用中文 DOS 方式。
- 快捷方式的设置和使用。

### 三、重要概念

（1）操作系统：控制和管理计算机系统内各种软硬件资源、有效地组织多道程序运行的系统软件，是用户与计算机之间的接口。

（2）窗口：Windows 本身以及 Windows 环境下的应用程序的基本界面单位。

（3）程序：为实现特定目标或解决特定问题而用计算机语言编写的命令序列的集合。

（4）文件：具有名称的一组信息系列，它可以表示范围非常宽广的对象，存储在外部介质上。

（5）文件名：为了区分不同的文件，必须给每个文件命名，计算机对文件实行按名存取的操作方式。

（6）目录（文件夹）：存储介质上的文件目录其作用类似于一本书的目录，实现对存储介质上的文件按名存取。

（7）目录（文件夹）树：大多数文件系统允许在文件目录中再建立子目录，即形成多级目录结构。采用多级目录结构后，不同位置的文件可以同名。Windows、UNIX、MS-DOS 系统都采用多级目录结构。这种结构也称为树形目录结构或目录树，该树从根向下，每一个节点是一个目录，最末的叶结点是文件。

（8）路径：访问文件时，必须指出文件所在的路径，路径名是从根目录开始，将到该文件的通路上所有各级目录名及该文件名拼起来而得到。通常引入当前目录的概念，将某级目录设置为当前工作目录，要访问文件时，就可从当前目录开始设置路径，称相对路径。

### 四、基本理论

（1）Windows 7 的最低系统要求：

- 处理器：1GHz 32 位或者 64 位处理器。
- 内存：1GB 及以上。
- 显卡：支持 DirectX 9 128M 及以上（开启 AERO 效果）。
- 硬盘空间：16GB 以上（主分区，NTFS 格式）。
- 显示器：要求分辨率在 1024×768 像素及以上（低于该分辨率则无法正常显示部分功能），或可支持触摸技术的显示设备。

（2）Windows 7 桌面由以下元素组成：桌面图标、"开始"按钮、任务栏、桌面背景。

（3）任务栏是位于桌面最下方的一个小长条，显示了系统正在运行的程序和打开的窗口、当前时间等内容。用户通过任务栏可以完成许多操作，而且也可以对它进行一系列的设置。任务栏可分为"开始"菜单按钮、快速启动工具栏、窗口按钮栏和通知区域等几部分。

（4）一个标准的窗口由标题栏、菜单栏、工具栏等几部分组成。

（5）鼠标的基本操作包括指向、单击、双击、拖动和右击。

（6）"资源管理器"可以以分层的方式显示计算机内所有文件的详细图表。使用"资源管理器"可以更方便地实现浏览、查看、移动和复制文件或文件夹等操作，用户可以不必打开多个窗口，而只在一个窗口中就可以浏览所有的磁盘和文件夹。

（7）设置桌面快捷方式就是在桌面上建立各种应用程序、文件、文件夹、打印机或网络中的计算机等快捷方式图标，通过双击该快捷方式图标，即可快速打开该项目。设置快捷键就是设置各种应用程序、文件、文件夹、打印机等快捷键，通过按该快捷键，即可快速打开该项目。

# 第二节 重点解疑

## 一、重点

- Windows 7 的基本操作
- Windows 7 的文件与文件夹管理
- Windows 7 的控制面板的使用
- 设置桌面快捷方式

## 二、难点

Windows 操作系统的组成及常用术语：文件、文件名、目录（文件夹）、目录（文件夹）树和路径的概念的理解。

## 三、疑点

- "资源管理器"的作用
- 文件或文件夹属性设置

## 四、考点

- Windows 7 的基本操作
- 文件与文件夹操作
- "资源管理器"的使用

## 五、热点解析与释疑

（1）"资源管理器"可以以分层的方式显示计算机内所有文件的详细图表。使用"资源管理器"可以更方便地实现浏览、查看、移动和复制文件或文件夹等操作，用户可以不必打开多个窗口，而只在一个窗口中就可以浏览所有的磁盘和文件夹。"资源管理器"的使用方法如下：

1）双击"计算机"图标打开"资源管理器"窗口。

2）在该窗口中，左边的窗格显示了所有磁盘和文件夹的列表，右边的窗格用于显示选定的磁盘和文件夹中的内容，中间的窗格中列出了选定磁盘和文件夹可以执行的任务，及选定磁盘和文件夹的详细信息等。

3）在左边的窗格中，若驱动器或文件夹前面有+号，表明该驱动器或文件夹有下一级子文件夹，单击该+号可展开其所包含的子文件夹。当展开驱动器或文件夹后，+号会变成一号，表明该驱动器或文件夹已展开，单击一号，可折叠已展开的内容。例如，单击左边窗格中"计算机"前面的+号，将显示"计算机"中所有的磁盘信息，选择需要的磁盘前面的+号，将显示该磁盘中所有的内容。

4）若要移动或复制文件或文件夹，可选中要移动或复制的文件或文件夹，单击右键，在弹出的快捷菜单中选择"剪切"或"复制"命令。

5）单击要移动或复制到的磁盘前的加号，打开该磁盘，选择要移动或复制到的文件夹。

6）单击右键，在弹出的快捷菜单中选择"粘贴"命令即可。

（2）"文件夹选项"窗口是系统提供给用户设置文件夹的常规项目及显示方面的属性、设置关联文件的打开方式及脱机文件等的窗口。

打开"文件夹选项"窗口的步骤为：

1）单击"开始"按钮，选择"控制面板"命令。

2）打开"控制面板"窗口。

3）选择"工具"→"文件夹选项"命令（也可以通过双击"计算机"图标，打开"计算机"窗口），打开"文件夹选项"对话框。在该对话框中有常规、查看、文件类型和脱机文件四个选项卡。

（3）常规选项卡：该选项卡用来设置文件夹的常规属性。

该选项卡中的"任务"选项组可设置文件夹显示的视图方式，可设定文件夹以 Web 页的方式显示，还是以 Windows 的传统风格显示；"浏览文件夹"选项组可设置文件夹的浏览方式，在打开多个文件夹时是在同一窗口中打开还是在不同的窗口中打开；"打开项目的方式"选项组用来设置文件夹的打开方式，可设定文件夹通过单击打开还是通过双击打开。若选择"通过单击打开项目"单选按钮，则"根据浏览器设置给图标标题加下划线"和"仅当指向图标标题时加下划线"选项变为可用状态，可根据需要选择在何时给图标标题加下划线。在"打开项目的方式"选项组下面有一个"还原为默认值"按钮，单击该按钮，可还原为系统默认的设置方式。单击"应用"按钮，即可应用设置方案。

（4）查看选项卡：该选项卡用来设置文件夹的显示方式。

在该选项卡中的"文件夹视图"选项组中有"与当前文件夹类似"和"重置所有文件夹"两个按钮。单击"与当前文件类似"按钮，将弹出"文件夹视图"对话框。

单击"是"按钮，可使所有文件夹应用当前文件夹的视图设置。

单击"重置所有文件夹"按钮，弹出"文件夹视图"对话框。单击"是"按钮可将所有文件夹还原为默认视图设置。在"高级设置"列表框中显示了有关文件和文件夹的一些高级设置选项，用户可根据需要选择需要的选项，单击"应用"按钮便可应用所选设置。单击"还原为默认值"按钮，可还原为系统默认的选项设置。

（5）文件类型选项卡：该选项卡用来更改已建立关联的文件的打开方式。

在该选项卡中的"以注册的文件类型"列表框中，列出了所有已经注册的文件扩展名和文件类型。单击"新建"按钮，可弹出"新建扩展名"对话框。

在该对话框中的"文件扩展名"文本框中可输入新建的文件扩展名，单击"高级"按钮可显示"关联的文件类型"下拉列表，在该列表中可选择所输入的文件扩展名要建立关联的文件类型。设置完毕后，单击"确定"按钮即可退出该对话框。选中某种已注册的文件类型，单击"删除"按钮，弹出"文件类型"对话框，询问用户是否要删除所选的文件扩展名，单击"是"按钮即可删除该文件扩展名。

（6）脱机文件选项卡：该选项卡是用来设置网络文件在脱机时是否可用的。

在该选项卡中，选中"启用脱机文件"复选框后其下面的所有选项均变为可用状态。用户若选中"注销前同步所有脱机文件"复选框可进行完全同步，清除该选项则进行快速同步。选定"显示提醒程序，每隔 60 分钟"复选框，则每隔 60 分钟将出现脱机文件的程序提示信息，用户也可以在间隔时间文本框中改变出现脱机文件程序提示信息的间隔时间。若选中"在桌面

上创建一个脱机文件的快捷方式"复选框，则在桌面上将出现一个脱机文件的快捷方式图标
。选中"加密脱机文件以保护数据"复选框，则可以为脱机文件进行加密设置。拖动"供临时脱机文件使用的磁盘空间"滑块，可改变临时脱机文件使用的磁盘空间。单击"删除文件"按钮，可删除不再需要的脱机文件。单击"查看文件"按钮，可查看脱机文件夹中的内容。单击"高级"按钮，可打开"脱机文件高级设置"对话框，在该对话框中可进行脱机文件的高级设置。

**注意：** 完全同步可以确保获得每个指定为可以脱机使用的网络文件的最新版本。快速同步可以确保获得所有脱机文件的完整版本，但未必是最新版本。

# 第三节　试题分析

## 一、选择题

1．中文版 Windows 98 是由（　　）研发的。

    A．中国　　　　　　　B．日本　　　　　　C．美国　　　　　D．新家坡

答案：C

2．下列各个版本的 Windows 操作系统，最新的版本是（　　）。

    A．Windows 3.2　　　　　　　　　B．Windows 98

    C．Windows Me　　　　　　　　　D．Windows 7

答案：D

3．Windows 98 是一个（　　）。

    A．多用户操作系统　　　　　　　B．图形化的单用户、多任务操作系统

    C．网络操作系统　　　　　　　　D．多用户、多任务操作系统

答案：B

4．Windows 98 操作系统最重要的特点是（　　）。

    A．真正的 32 位操作系统　　　　B．可以运行 DOS 操作系统下的应用程序

    C．内置了较强的网络功能　　　　D．既能用键盘也能用鼠标操作

答案：A

5．计算机启动时，若不进入 Windows 7 而直接进入 DOS 状态，应按下（　　）。

    A．Esc 键　　　　　　B．Ctrl 键　　　　C．F4 键　　　D．F1 键

答案：C

6．Windows 7 的桌面指的是（　　）。

    A．整个屏幕　　　B．全部窗口　　　C．整个窗口　　　D．活动窗口

答案：A

7．桌面上的图标不能用来表示（　　）。

    A．最小化的窗口　　　　　　　　B．文件夹

    C．文件　　　　　　　　　　　　D．快捷方式

答案：A

8．下列操作中，不能打开"计算机"窗口的是（　　）。

A．用右键单击"计算机"图标，从弹出的快捷菜单中选择"打开"命令

B．用右键单击"开始"菜单按钮，然后从"资源管理器"中选取

C．用左键单击"开始"菜单，然后选择"计算机"菜单项

D．用左键双击"计算机"图标

答案：C

9．Windows 7 的"开始"菜单包括了 Windows 7 系统的（　　）。

　　A．主要功能　　　　　B．全部功能　　　C．部分功能　　　D．初始化功能

答案：B

10．利用"开始"菜单能够进行的操作有（　　）。

　　A．能运行某个应用程序　　　　　　B．能查找文件或计算机

　　C．能设置系统参数　　　　　　　　D．上述三项操作均可进行

答案：D

11．Windows 7 任务栏上的内容为（　　）。

　　A．当前窗口的图标　　　　　　　　B．已启动并正在执行的程序名

　　C．已经打开的文件名　　　　　　　D．所有已经打开的窗口的图标

答案：D

12 任务栏的位置是可以改变的，通过拖动任务栏可以将它移到（　　）。

　　A．桌面横向中部　　　　　　　　　B．桌面纵向中部

　　C．桌面四个边缘位置均可　　　　　D．任意位置

答案：C

13．任务栏的宽度最宽可以（　　）。

　　A．占据整个窗口　　　　　　　　　B．占据整个桌面

　　C．占据窗口的二分之一　　　　　　D．占据桌面的二分之一

答案：D

14．任务栏上的应用程序按钮处于被按下状态时，对应（　　）。

　　A．最小化的窗口　　　　　　　　　B．当前活动窗口

　　C．最大化的窗口　　　　　　　　　D．任意窗口

答案：B

15．在 Windows 7 中，窗口的类型有文件夹窗口、应用程序窗口和（　　）。

　　A．控制面板窗口　　　　　　　　　B．"资源管理器"窗口

　　C．桌面　　　　　　　　　　　　　D．文档窗口

答案：D

16．关于窗口的描述，正确的是（　　）。

　　A．窗口最大化后都将充满整个屏幕，不论是应用程序窗口还是文档窗口

　　B．当应用程序窗口被最小化时，就意味着该应用程序暂时停止运行

　　C．文档窗口只存在于应用程序窗口内，且没有菜单栏

　　D．在窗口之间切换时，必须先关闭活动窗口才能使另外一个窗口成为活动窗口

答案：C

17．在 Windows 7 中，当一个应用程序窗口被最小化后，该应用程序将（　　）。

A. 继续在前台运行　　　　　　　　B. 暂停运行

C. 被转入后台运行　　　　　　　　D. 被中止运行

答案：C

18. 下面描述不正确的是（　　）。

    A. 窗口是 Windows 中最重要的组成部分，其主要组成为：控制菜单图标、标题栏、菜单栏、工具栏、最小化按钮、最大化按钮、还原按钮和窗口边框等

    B. 菜单是操作命令的列表，用户对其中的命令进行选择即可进行相应操作

    C. 对话框是程序从用户那里获得信息的地方，其主要作用是接收用户输入的信息、系统显示信息

    D. 窗口和对话框都可以被最小化

答案：D

19. 鼠标右键单击桌面上计算机图标弹出的菜单被称为（　　）。

    A. 下拉菜单　　　　B. 弹出菜单　　　　C. 快捷菜单　　　　D. 级联菜单

答案：C

20. 在菜单中，前面有 √ 标记的项目表示（　　）。

    A. 复选选中　　　　B. 单选选中　　　　C. 有级联菜单　　　　D. 有对话框

答案：A

21. 在菜单中，前面有"·"标记的项目表示（　　）。

    A. 复选选中　　　　B. 单选选中　　　　C. 有子菜单　　　　D. 有对话框

答案：B

22. 在菜单中，后面有…标记的命令表示（　　）。

    A. 开关命令　　　　B. 单选命令　　　　C. 有子菜单　　　　D. 有对话框

答案：D

23. 窗口标题栏最左边的小图标表示（　　）。

    A. 应用程序控制菜单图标　　　　B. 开关按钮

    C. 开始按钮　　　　　　　　　　D. 工具按钮

答案：A

24. 下列哪种方式不能启动 Windows 7 的"资源管理器"（　　）。

    A. 计算机快捷菜单　　　　　　　B. 开始菜单按钮的快捷菜单

    C. 开始菜单　　　　　　　　　　D. Word 快捷方式的快捷菜单

答案：D

25. 下列所述的方法，（　　）不能实现文件夹或文件的查找。

    A. 在"资源管理器"窗口中，选择"工具"下拉菜单中的"查找"命令项

    B. 鼠标右键单击"计算机"图标，在快捷菜单中选择"查找" 命令项

    C. 鼠标右键单击"开始"菜单按钮，在快捷菜单中选择"查找" 命令项

    D. 鼠标左键单击"开始"菜单按钮，在快捷菜单中选择"运行" 命令项

答案：D

26. 在"资源管理器"窗口中，当选中文件或文件夹之后，下列操作中不能删除选中的对象的是（　　）。

A. 鼠标左键双击文件或文件夹

B. 按键盘上的 Delete 键

C. 选择"文件"下拉菜单中的"删除"命令

D. 用鼠标右键单击要删除的文件或文件夹，在打开的快捷菜单中选择"删除"菜单项

答案：A

27. 用鼠标拖放功能实现文件或文件夹的快速移动时，下列操作一定可以成功的是（　　）。

A. 用鼠标左键拖动文件或文件夹到目的文件夹

B. 按住 Shift 键，同时用鼠标左键拖动文件或文件夹到目的文件夹

C. 按住 Ctrl 键，同时用鼠标左键拖动文件或文件夹到目的文件夹

D. 用鼠标右键拖动文件或文件夹到目的文件夹，然后在弹出的菜单中选择"移动到当前位置"菜单项

答案：D

28. 在 Windows 98 中，对文件和文件夹的管理可以使用（　　）。

A. 资源管理器或控制面板窗口　　　　B. 文件夹窗口或控制面板窗口

C. 资源管理器或文件夹窗口　　　　　D. 快捷菜单

答案：C

29. 快捷方式确切的含义是（　　）。

A. 特殊文件夹　　　　　　　　　　B. 特殊磁盘文件

C. 各类可执行文件　　D. 指向某对象的指针

答案：D

30. 有关快捷方式的描述，说法正确的是（　　）。

A. 在桌面上创建快捷方式，就是将相应的文件复制到桌面

B. 在桌面上创建快捷方式，就是通过指针使桌面上的快捷方式指向相应的磁盘文件

C. 删除桌面上的快捷方式，即删除快捷方式所指向的磁盘文件

D. 对快捷方式图标名称重新命名后，双击该快捷方式将不能打开相应的磁盘文件

答案：B

31. 剪贴板中内容将被临时存放在（　　）中。

A. 硬盘　　　　　　B. 外存　　　　　C. 内存　　　　　D. 窗口

答案：C

32. 剪贴板中临时存放（　　）。

A. 被删除的文件的内容　　　　　　B. 用户曾进行的操作序列

C. 被复制或剪切的内容　　　　　　D. 文件的格式信息

答案：C

33. 在 Windows 7 中，要将整个桌面的内容存入剪贴板，应按（　　）键。

A. PrintScreen　　　　　　　　　　B. Ctrl+ PrintScreen

C. Alt+ PrintScreen　　　　　　　　D. Ctrl+Alt+ PrintScreen

答案：A

34. 在某个文档窗口中已进行了多次剪切（复制）操作，当关闭了该文档窗口后，当前剪贴板中的内容为（　　）。

A．空白　　　　　　　　　　　　　B．所有剪切（复制）的内容

C．第一次剪切（复制）的内容　　　　D．最后一次剪切（复制）的内容

答案：D

35．回收站是（　　　）。

A．硬盘上的一个文件　　　　　　　B．内存中的一个特殊存储区域

C．软盘上的一个文件夹　　　　　　D．硬盘上的一个文件夹

答案：D

36．放入回收站中的内容（　　　）。

A．不能再被删除了　　B．只能被恢复到原处

C．可以直接编辑修改　　　　　　　D．可以真正被删除

答案：D

37．下列描述中，正确的是（　　　）。

A．置入回收站的内容，不占用硬盘的存储空间

B．在回收站被清空之前，可以恢复从硬盘上删除的文件或文件夹

C．软磁盘上被删除的文件或文件夹，可以利用回收站将其恢复

D．执行回收站窗口中的"清空回收站"命令，可以将回收站中的内容还原到原来位置

答案：B

38．"控制面板"窗口（　　　）。

A．是硬盘系统区的一个文件　　　　B．是硬盘上的一个文件夹

C．是内存中的一个存储区域　　　　D．包含一组系统管理程序

答案：D

39．剪贴板是在（　　　）中开辟的一个特殊存储区域。

A．硬盘　　　　　　B．外存　　　　　　C．内存　　　　　　D．窗口

答案：C

## 二、操作题

1．将文件夹 C:\WEXAM\20000016\SCHOOL 中的文件 SKY 更名为 SKIN。

【解析】双击桌面上的"计算机"图标，打开相应文件夹，找到文件 SKY 并选择该文件，右击选择"重命名"命令，输入 SKIN，最后单击空白处即可。

2．在文件夹 C:\WEXAM\20000016 下创建文件夹 psd。

【解析】双击桌面上的"计算机"图标，打开 C:\WEXAM\20000016 文件夹，在空白处右击，选择"新建文件夹"命令，输入 psd，最后单击空白处即可。

3．在文件夹 C:\WEXAM\2000016\MOON 中新建一个文件夹 hub。

【解析】双击桌面上的"计算机"图标，打开 MOON 文件夹，在空白处右击，选择"新建文件夹"命令，输入 hub，最后单击空白处即可。

4．将文件夹 C:\WEXAM\2000016\TIXT 中的 ENG 文件重命名为 end。

【解析】双击桌面上的"计算机"图标，打开相应文件夹，找到 ENG 文件，并选择该文件，右击选择"重命名"命令，输入 end，最后单击空白处即可。

5．将文件夹 C:\WEXAM\20000016\WAKE 中的文件 PLAY 设置为只读属性。

【解析】双击桌面上的"计算机"图标，打开文件夹，找到 PLAY 文件，并选择该文件，右击选择"属性"命令，在常规选项卡项选择"只读"，确定即可。

6．将文件夹 C:\WEXAM\1200089\WAR 中的文件 INT.CPX 移动到文件夹...\MILE\FONT 中。

【解析】双击桌面上的"计算机"图标，打开文件夹，找到 INT.CPX 文件，并选择该文件，右击选择"复制"命令，再打开文件夹...\MILE\FONT，在空白处右击，选择"粘贴"命令。

7．将文件夹 C:\WEXAM\12000089\TEA 中的文件夹 NARN 设置为"只读"和"隐藏"属性。

【解析】双击桌面上的"计算机"图标，打开文件夹，找到 NARN 文件夹，并选择该文件夹，右击选择"属性"命令，在常规选项卡项选择"只读"和"隐藏"，确定即可。

8．将文件夹 C:\WEXAM\12000089\LUER 中的文件 MOON 复制到文件夹...\SDEND 中，并将该文件更名为 SOUND。

【解析】双击桌面上的"计算机"图标，打开文件夹，找到 MOON 文件，并选择该文件，右击选择"复制"命令，再打开文件夹...\SDEND，在空白处右击，选择"粘贴"命令。

选择该文件，右击选择重命名，输入 SOUND，最后单击空白处即可。

9．将文件夹 C:\WEXAM\12000089\HEAD 中的文件 SUNSONG.BBS 删除。

【解析】双击桌面上的"计算机"图标，打开文件夹，找到 SUNSONG.BBS 文件，并选择该文件，右击选择"删除"命令，在出现的对话框中选择"是"。

10．在文件夹 C:\WEXAM\12000089\SDEND 中建立一个新文件夹 LOOK。

【解析】双击桌面上的"计算机"图标，打开...\SDEND 文件夹，在空白处右击，选择"新建文件夹"命令，输入 LOOK，最后单击空白处即可。

11．将文件夹 C:\WEXAM\12000090\BA 中的文件 HSEE 设置为存档和只读属性。

【解析】双击桌面上的"计算机"图标，打开文件夹，找到 HSEE 文件，并选择该文件，右击选择"属性"命令，在常规选项卡项选择"存档"和"只读"，确定即可。

12．将文件夹 C:\WEXAM\12000090\DOKE\SET\LOOK 中的文件 JFT 删除。

【解析】双击桌面上的"计算机"图标，打开文件夹，找到 JFT 文件，并选择该文件，右击选择"删除"命令，在出现的对话框中选择"是"。

13．将文件夹 C:\WEXAM\12000101\POWDER\FIELD 中的文件 COPY 复制到...\DOKE\SET 文件夹中。

【解析】双击桌面上的"计算机"图标，打开文件夹，找到 COPY 文件，并选择该文件，右击选择"复制"命令，再打开文件夹...\DOKE\SET，在空白处右击，选择"粘贴"命令。

14．在文件夹 C:\WEXAM\12000090\DEED 中建立一个新文件夹 MIOVE。

【解析】双击桌面上的"计算机"图标，打开...\DEED 文件夹，在空白处右击，选择"新建文件夹"命令，输入 MIOVE，最后单击空白处即可。

15．将文件夹 C:\WEXAM\12000090\TAKE 中的文件 WEXAM 移动到...\SKIN 文件夹中，并更名为 MAX。

【解析】双击桌面上的"计算机"图标，打开文件夹，找到 WEXAM 文件，并选择该文件，右击选择"复制"命令，再打开文件夹...\SKIN，在空白处右击，选择"粘贴"命令。选择该文件，右击选择"重命名"命令，输入 MAX，最后单击空白处即可。

16．将文件夹 C:\WEXAM\12000091\TAKE 中的文件 WANG.IDX 更名为 PAST。

【解析】双击桌面上的"计算机"图标，打开文件夹，找到 WANG.IDX 文件，并选择该文件，右击选择"重命名"命令，输入 PAST，最后单击空白处即可。

17．将文件夹 C:\WEXAM\12000091\PEND 中的文件 WEST 设置为"存档"和"隐藏"属性。

【解析】双击桌面上的"计算机"图标，打开文件夹，找到 WEST 文件，并选择该文件，右击选择"属性"，在常规选项卡项选择"存档"和"隐藏"，确定即可。

18．将文件夹 C:\WEXAM\12000091\GAME 中的文件夹 LOOD 删除。

【解析】双击桌面上的"计算机"图标，打开文件夹，找到 LOOD 文件夹，并选择该文件夹，右击选择"删除"命令，在出现的对话框中选择"是"。

19．将文件夹 C:\WEXAM\12000091\FLASH 中的文件 YONG 复制到文件夹...\MOUSE 中。

【解析】双击桌面上的"计算机"图标，打开文件夹，找到 YONG 文件，并选择该文件，右击选择"复制"命令，再打开...\MOUSE 文件夹，在空白处右击，选择"粘贴"命令。

20．在文件夹 C:\WEXAM\12000091\HARD 中新建一个文件夹 EXE。

【解析】双击桌面上的"计算机"图标，打开...\HARD 文件夹，在空白处右击，选择"新建文件夹"命令，输入 EXE，最后单击空白处即可。

# 第四节　素质拓展

## 一、基于网络的操作系统

基于网络的操作系统，即 Web OS（Web-based Operating System），区别于网络操作系统（Network Operating System，NOS）。大家都十分熟悉普通的操作系统，但是对于 Web OS 这种较新的东西，相信大家也应该很感兴趣。近年来，随着网络带宽的普及，网络传输速度不断提升，使 Web OS 的诞生成为可能。大家可以想像一下未来：我们只需要在硬件上安装浏览器软件，便可在任何接通网络的计算机上使用自己熟悉的操作系统。

Gartner 曾经发布过一份关于服务器技术发展的研究报告，其中提到：到 2010 年，主流的虚拟化技术将会以 I/O 虚拟化为中心，突破传统物理服务器网络转换和存储区域网络（SAN）转换之间的束缚。到 2010 年，共享操作系统虚拟化将成为主流。

微软于 2008 年 3 月推出了未来操作系统 Singularity 模型的开发包 Singularity Research Development Kit（RDK）1.1。Singularity 是采用 C#的一个扩展版本编写的。当前大多数操作系统都是用 C 或 C++编写的。但微软表示，使用 C#能够预防一类被称为缓冲区溢出的错误。该系统主要由基于 C#的扩展语言 Sing#构建，包括软件独立进程（SIP）、基于契约（Contract）的信道、基于清单（Manifest）的应用程序。

网络操作系统的兴起、虚拟化技术的发展，使微软公司讨论与其根源更接近的新技术成为展示一些先进计算机科学的橱窗，这将会形成新型安全与共享的操作系统，无疑未来的发展方向是操作系统应具有极高的安全性和硬件的共享性。同时拥有 Windows 那样的易操作性和友好的界面美观性。

### 二、用 U 盘安装系统

不带光驱的笔记本和没有光驱的台式机如何安装操作系统？这是许多网友希望解决的问题，为了给网友们提供方便，笔者通过百度搜索了解了一种在没有光驱的情况下，如何方便快速地安装操作系统的方法。

在安装操作系统前，需要准备好一些东西：一个是操作系统的镜像，另一个就是能启动计算机的 U 盘。

首先是制作一个能启动计算机的带 Windows PE 的启动 U 盘。

先到网上去下载一个叫"老毛桃 WinPE"的工具到一台正常计算机的硬盘里，或者下载一个"GHOST XP SP3 奥运纪念版 V9.6 版（dianlao_ghost_xpsp3_96.iso）"，用 WinRAR 解压出来，在目录"WinPE 安装"中的文件就是"老毛桃 WinPE"工具，再把 U 盘插到计算机的 USB 口，然后按步骤一步步来就可以制作一个能启动计算机的 U 盘了。

然后把需要安装操作系统的计算机的第一启动项设为 USB 设备启动。

最后用能启动的 U 盘启动计算机并安装系统。

# 第四章　Word 2010 应用与实践

## 第一节　学习大纲

### 一、学习目的和基本要求

通过本章的学习让学生掌握字表处理软件的功能和使用。

- 熟悉 Word 2010 的环境和 Word 程序的启动与退出。
- 掌握 Word 文档的创建、打开、保存与关闭的操作，掌握在 Word 中录入文本与各种符号的方法。
- 掌握 Word 2010 文本的基本编辑技术，包括 Word 文档的选定、复制、剪切、删除、查找与替换等操作。
- 熟练掌握 Word 2010 文本的字体格式设置方式、掌握 Word 文档的段落格式设置方法，能够使用各种不同的视图查看 Word 文本。
- 熟练掌握 Word 文档中表格的基本制作方法、Word 文档中表格格式设置的方法及 Word 文档中表格与文字之间的转换。
- 熟悉图片的插入和移动，掌握将文字环绕图形对象的方法及熟练掌握艺术字的设置与编辑。

### 二、主要内容

（1）Word 2010 的主要功能、启动和退出。

执行"开始"→"程序"→Microsoft Office→Microsoft Office Word 2010 命令，即可启动 Word 2010。

在 Word 2010 的菜单栏中执行"文件"→"退出"命令，即可退出 Word 2010 程序。

（2）主窗口介绍、文档创建、编辑、保存、页面设置、文档排版、字符格式化、段落格式化和打印等。

Word 2010 的工作界面主要包括标题栏、菜单栏、工具栏、标尺、文档编辑区、滚动条、任务窗格以及状态栏八个部分。

新建文件：单击"文件"工具栏上的"新建"按钮。

打开文件：单击"文件"工具栏上的"打开"按钮。

保存文件：执行菜单栏中的"文件"→"保存"命令或者单击工具栏中的"保存"按钮。

Word 2010 编辑排版功能是一级 MS Office 考试的重要考点之一，也是同学们以后在学习和工作中经常会使用的技能之一。

（3）表格及图形的建立与编辑、图文混排、艺术字、文本框等一系列文字处理技巧。

熟练掌握这些技巧，可以帮助用户很容易地编辑出排列整齐、美观的文件。

## 第二节　重点解疑

### 一、重点

- 文字的字体格式设置
- 文档的段落格式设置
- 表格的编排
- 文件的查找与替换

### 二、难点

- 边框、底纹的设置
- 文档的分栏
- 表格中的公式计算

### 三、热点解析与释疑

本章考察内容包括字表处理软件的相关概念和基本操作。考试针对下面一段关于 Internet 的文字。

Internet 简介

Internet 起源于美国、现在已连通全世界的一个超级计算机互联网络。Internet 在美国分为三个层次：底层为大学校园网或企业网，上一层为地区网，最高层为全国主干网，如国家自然科学基金网 NSFnet（National Science Foundation Network）等主干网，它们连通了美国东西海岸，并通过海底电缆或卫星通信等手段连接到世界各国。

Internet 是近几年来最活跃的领域和最热门的话题，而且发展势头迅猛。

截至 2014 年 6 月，我国网民规模达 6.32 亿，较 2013 年底增加 1442 万人。互联网普及率为 46.9%，较 2013 年底提升了 1.1 个百分点。

截至 2014 年 6 月，我国手机网民规模达 5.27 亿，较 2013 年底增加 2699 万人。

截至 2014 年 6 月，我国网民中农村人口占比为 28.2%，规模达 1.78 亿。

截至 2014 年 6 月，整体网民中小学及以下学历人群的占比为 12.1%，相比 2013 年底上升 0.2 个百分点，而大专及以上人群占比下降 0.3 个百分点。

截至 2014 年 6 月，手机上网的网民比例为 83.4%，相比 2013 年底上升了 2.4 个百分点。台式计算机和笔记本电脑上网网民比例略有下降，分别为 69.6% 和 43.7%。

截至 2014 年 6 月，我国域名总数为 1915 万个，其中 .CN 域名总数为 1065 万，占中国域名总数比例为 55.6%；".中国"域名总数达到 28 万。

截至 2014 年 6 月，我国网站总数为 273 万个，.CN 下网站数为 127 万个。

按要求完成下列相关操作：

（1）将标题居中，设置为红色、二号、加粗。

（2）将文档中所有 Internet 替换为"互联网"，设置为红色黑体、五号、倾斜。

（3）设置正文各段首行缩进 2 个字符，行间距 1.5 倍，段前间距 0.2 行。

（4）完成后，存盘文件为 WORD2.docx。

试题解答提示：

（1）使用选择标题设置居中，按要求设置字体。

（2）调出查找对话框，设置查找和替换内容，按要求设置替换内容格式进行替换。

（3）选择除标题以外文字，调出段落对话框，按要求设置段落缩进、行间距和段前间距。

（4）完成后，存盘文件为 WORD2.docx。

# 第三节　试题分析

## 一、选择题

1．在 Word 2010 中，按（　　）键与工具栏上的复制按钮功能相同。

    A．Ctrl+C　　　　　　B．Ctrl+V　　　　　C．Ctrl+A　　　　D．Ctrl+S

2．关于 Word 文档窗口的说法，正确的是（　　）。

    A．只能打开一个文档窗口

    B．可以同时打开多个文档窗口，被打开的窗口都是活动的

    C．可以同时打开多个文档窗口，只有一个是活动窗口

    D．可以同时打开多个文档窗口，只有一个窗口是可见文档窗口

3．使用（　　）可以进行快速格式复制操作。

    A．编辑菜单　　　　　B．段落命令　　　　C．格式刷　　　　D．格式菜单

4．在 Word 2010 窗口中，"文件"菜单中"关闭"命令的意思是（　　）。

    A．关闭 Word 2010 窗口连同其中的文档窗口，返回到 Windows 中

    B．关闭文档窗口，返回到 Windows 中

    C．关闭 Word 2010 窗口连同其中的文档窗口，退回到 DOS 状态下

    D．关闭文档窗口，但仍在 Word 2010 窗口中

5．在 Word 中，若要计算表格中某列数值的平均值，可使用的函数是（　　）。

    A．Sum()　　　　　　B．Total()　　　　　C．Count()　　　　D．Average()

6．在 Word 中，若要计算表格中某列数值的总和，可使用的函数是（　　）。

    A．Sum()　　　　　　B．Total()　　　　　C．Count()　　　　D．Average()

7．在表格操作中，选定一列，按 Del 键，则（　　）。

    A．删除此列单元格中的内容

    B．删除插入点所在单元格中的内容

    C．删除此列第一个单元格中的内容

    D．删除此列

8．要在 Word 中创建表格，应使用（　　）菜单。

    A．表格　　　　　　　B．格式　　　　　　C．工具　　　　　D．插入

9．Word 中选择表格中的一列，选择菜单"表格删除列"命令后，（　　）。

    A．表格内容被删除，但表格还在

    B．表格和内容都被删除

C．表格被删，但表中内容未删除

D．仅将表格中选定的列删除

10．"文件"菜单中的"保存"命令对应的快捷键是（　　）。

A．Ctrl+P　　　　B．Ctrl+O　　　　C．Ctrl+S　　　　D．Ctrl+N

11．Word 的查找和替换功能十分强大，不属于功能之一的是（　　）。

A．能够查找文本与替换文本中的格式

B．能够查找和替换带格式及样式的文本

C．能够查找图形对象

D．能够用通配字符进行复杂的搜索

12．Word 中的段落是指以（　　）结尾的一段文字。

A．句号　　　　　B．空格　　　　　C．回车符　　　　D．Shift+回车符

13．Word 中显示有页号、节号、页数、总页数等的是（　　）。

A．常用工具栏　　　　　　　　B．菜单栏

C．格式工具栏　　　　　　　　D．状态栏

14．Word 中有三种查找方式，不是其中之一的是（　　）。

A．无格式的查找　　　　　　　B．带格式的查找

C．特殊字符查找　　　　　　　D．无条件查找

15．当 Word 最小化时，Word 的工作窗口显示在（　　）。

A．状态栏　　　　B．任务栏　　　　C．菜单栏　　　　D．标题栏

16．当插入点在文档中时，按 Backspace 键将删除（　　）。

A．插入点所在的行　　　　　　B．插入点所在的段落

C．插入点左边的一个字符　　　D．插入点右边的一个字符

17．在 Word 中，当前编辑的文档是 C 盘中的 d1.docx 文档，要将该文档复制到软盘，应当使用（　　）。

A．"文件"菜单中的"另存为"命令

B．"文件"菜单中的"保存"命令

C．"文件"菜单中的"新建"命令

D．"插入"菜单中的命令

18．在 Word 中，当前正在编辑的文档的文档名显示在（　　）。

A．菜单栏的右边　　　　　　　B．文件菜单中

C．状态栏　　　　　　　　　　D．标题栏

19．要在 Word 中进行"新建"文档操作，可以直接按的快捷键是（　　）。

A．Ctrl+N　　　　B．Ctrl+C　　　　C．Ctrl+S　　　　D．Ctrl+O

20．关于 Word 分栏功能，下列说法正确的是（　　）。

A．最多只能分四栏　　　　　　B．每栏的宽度可以不相等

C．不可以人工分栏　　　　　　D．栏与栏之间不可以设置分隔线

21．关于在 Word 中打开文档，下列说法正确的是（　　）。

A．只能打开一个文档

B．最多能打开四个文档

C．能打开多个文档，但不可以同时将它们打开

D．能打开多个文档，可以同时将它们打开

22．在 Word 中，"剪切"命令是（    ）。

A．将选定的文本移入剪切板

B．将选定的文本复制到剪切板

C．将剪切板中的文本粘贴到文本的指定位置

D．仅将文本删除

23．下列（    ）不是 Word 提供的视图。

A．普通视图　　　　B．页面视图　　　C．打印预览　　　D．合并视图

24．在 Word 中，可以使用快捷键（    ）快速调出打印对话框。

A．Ctrl+F　　　　　B．Ctrl+P　　　　C．Ctrl+K　　　　D．Ctrl+S

25．下列关于 Word 文本框的描述，正确的是（    ）。

A．文本框内的文字只能横排

B．文本框外的文字不能位于文本框的左右两个外侧

C．文本框的边框线的颜色不能与文本编辑窗口的背景颜色相同

D．在文本框内输入的文字不会超出文本框的范围

26．下列关于 Word 的描述，正确的是（    ）。

A．Word 对表格中的数据既不能进行排序，也不能进行计算

B．Word 对表格中的数据能进行排序，但不能进行计算

C．Word 对表格中的数据不能进行排序，但可以进行计算

D．Word 对表格中的数据既能进行排序，也能进行计算

27．下列关于新建"Word 文档"叙述错误的是（    ）。

A．单击"常用"工具栏中的"新建"按钮创建新文档

B．单击"文件"菜单中的"新建"命令创建新文档

C．可以按快捷键 Ctrl+N 创建新文档

D．可以按快捷键 Ctrl+O 创建新文档

28．下列是关于 Word 菜单的叙述，错误的是（    ）。

A．颜色暗淡的命令表示当前不能使用

B．带省略号的命令表示会弹出一个对话框窗口

C．菜单栏中的菜单个数是可变化的

D．菜单中的内容（命令）是可变化的

29．要在 Word 的封闭图形（如圆形）中添加文字，正确的操作是（    ）。

A．选定图形，单击"插入"菜单中的"符号"命令

B．左单击要添加文字的图形，单击快捷菜单中的"添加文字"命令

C．右单击要添加文字的图形，单击快捷菜单中的"添加文字"命令

D．选定图形，选择"编辑"菜单中的"复制"和"粘贴"命令将文字复制到图形中

30．在 Word 中，Ctrl+A 快捷键的作用等效于用鼠标在文档选定区中（    ）。

A．单击左键　　　　B．双击左键　　　C．三击左键　　　D．四击左键

31．在 Word 表格中，对表格的内容进行排序，下列不能作为排序类型的是（    ）。

A．笔划　　　　　B．拼音　　　　C．偏旁部首　　D．数字

32．在 Word 图形中添加文字后，如果移动图形，则图形内的文字（　　）。

A．一定不随图形移动

B．一定跟随图形移动

C．可能跟随图形移动，也可能不随图形移动

D．原来位置上的文字不变，但会跟随移动的图形在新位置上复制一份同样内容的文字

33．在 Word 中，不管怎样设置，标题栏和菜单栏总是显示在屏幕上，还有一项也显示在屏幕上的是（　　）。

A．绘图工具栏　　　B．常用工具栏　　C．格式工具栏　　D．状态栏

34．在 Word 中，对先前所做过的有限次编辑操作，以下说法正确的是（　　）。

A．不能对已做的操作进行撤消

B．能对已做的操作进行撤消，但不能恢复撤消后的操作

C．能对已做的操作进行撤消，也能恢复撤消后的操作

D．不能对已做的操作进行撤消，也不能恢复撤消后的操作

35．在 Word 中，按先后顺序依次打开了 dl.docx、d2.docx、d3.docx、d4.docx 四个文档，当前的活动窗口是（　　）。

A．dl.docx 的窗口　　　　　　　B．d2.docx 的窗口

C．d3.docx 的窗口　　D．d4.docx 的窗口

36．在 Word 中，进行"替换"操作，应当使用哪个菜单中的命令（　　）。

A．"开始"菜单　　　　　　　　B．"插入"菜单

C．"引用"菜单　　　　　　　　D．"文件"菜单

37．在 Word 中，进行字体设置操作后，按新设置的字体显示的文字是（　　）。

A．插入点所在段落中的文字　　　B．文档中被选定的文字

C．插入点所在行中的文字　　　　D．文档的全部文字

38．在 Word 中，如要复制已选定文字的格式，可使用工具栏中的（　　）按钮。

A．复制　　　　　B．格式刷　　　　C．粘贴　　　　D．恢复

39．在 Word 中，通过鼠标拖动操作复制文本时，应在拖动所选定的文本的同时按住的键是（　　）。

A．Shift　　　　B．Alt　　　　C．Tab　　　　D．Ctrl

40．在 Word 中选定文本块后，（　　）拖曳文本到需要处即可实现文本块的移动。

A．按住 Ctrl 键的同时　　　　　B．按住 Esc 键的同时

C．按住 Alt 键的同时D．无需按键

41．在（　　）视图中，Word 的标尺是不显示的。

A．页面　　　　　B．普通　　　　C．打印预览　　D．大纲

42．在"开始"菜单中的"文档"列表中单击某个 Word 文档名，将（　　）。

A．启动 Word 同时打开此 Word 文档

B．仅启动 Word，不打开此 Word 文档

C．打开此 Word 文档，但不启动 Word

D．以上说法均不正确

43. 在 Word 中，当前输入的文字被显示在（　　）。

　　A．文档的尾部　　　　　　　　　　B．鼠标指针位置

　　C．插入点位置　　　　　　　　　　D．当前行的行尾

44. 在 Word 中，为了尽可能地看清文档内容而不想显示在屏幕上的其他内容，可使用（　　）视图。

　　A．大纲视图　　　　B．页面视图　　　C．普通视图　　　D．全屏显示

45. 在 Word 标题栏下的是（　　）。

　　A．菜单栏　　　　　　　　　　　　B．常用工具栏

　　C．格式工具栏　　　　　　　　　　D．状态栏

46. 在 Word 表格中，合并单元格的正确操作是（　　）。

　　A．选定要合并的单元格，按 Space 键

　　B．选定要合并的单元格，按 Enter 键

　　C．选定要合并的单元格，选择"工具"菜单的"合并单元格"菜单项

　　D．选定要合并的单元格，选择"布局"菜单的"合并单元格"菜单项

47. 在 Word 的编辑状态中为文档设置页码，可以使用（　　）。

　　A．"工具"菜单中的命令　　　　　　B．"编辑"菜单中的命令

　　C．"格式"菜单中的命令　　　　　　D．"插入"菜单中的命令

48. 在 Word 的文档窗口中，插入点标记是一个（　　）。

　　A．水平横条线符号　　　　　　　　B．I 形鼠标指针符号

　　C．闪烁的黑色竖条线符号　　　　　D．箭头形鼠标指针符号

49. 在 Word 中，（　　）视图下可以插入页眉和页脚。

　　A．普通　　　　　　B．大纲　　　　　C．页面　　　　　D．主控文档

50. 在 Word 中，"文件"菜单"打开"命令的作用是（　　）。

　　A．将指定的文档从内存中读入，并显示出来

　　B．为指定的文档打开一个空白窗口

　　C．将指定的文档从外存中读入，并显示出来

　　D．显示并打印指定文档的内容

选择题答案：

1．A　2．C　3．C　4．D　5．D　6．A　7．A　8．D

9．D　10．C　11．C　12．C　13．D　14．D　15．B　16．C

17．A　18．D　19．A　20．B　21．D　22．A　23．D　24．B

25．D　26．D　27．D　28．C　29．C　30．C　31．C　32．B

33．D　34．C　35．D　36．A　37．B　38．B　39．D　40．D

41．D　42．A　43．C　44．A　45．A　46．D　47．C　48．C

49．C　50．C

二、操作题

1. 新建空白文档，输入"全国计算机等级考试"，将"全国计算机等级考试"水平居中，

字体设置黑体小二号字。然后保存退出，保存的文件名为 WORD1.docx。

完成后，存盘文件为 WORD1.docx。

【试题解答提示】

打开 Word 2010，输入文字"全国计算机等级考试"，选中文字单击工具栏"居中对齐"按钮，然后调出字体对话框设置字体和字号，最后保存文件，文件名"WORD1.docx"。至此完成操作。

2.【WORD2.docx 文档内容】

Internet 简介

Internet 起源于美国、现在已连通全世界的一个超级计算机互联网络。Internet 在美国分为三个层次：底层为大学校园网或企业网，上一层为地区网，最高层为全国主干网，如国家自然科学基金网 NSFnet（National Science Foundation Network）等主干网，它们连通了美国东西海岸，并通过海底电缆或卫星通信等手段连接到世界各国。

Internet 是近几年来最活跃的领域和最热门的话题，而且发展势头迅猛。

截至 2014 年 6 月，我国网民规模达 6.32 亿，较 2013 年底增加 1442 万人。互联网普及率为 46.9%，较 2013 年底提升了 1.1 个百分点。

截至 2014 年 6 月，我国手机网民规模达 5.27 亿，较 2013 年底增加 2699 万人。

截至 2014 年 6 月，我国网民中农村人口占比为 28.2%，规模达 1.78 亿。

截至 2014 年 6 月，整体网民中小学及以下学历人群的占比为 12.1%，相比 2013 年底上升 0.2 个百分点，而大专及以上人群占比下降 0.3 个百分点。

截至 2014 年 6 月，手机上网的网民比例为 83.4%，相比 2013 年底上升了 2.4 个百分点。台式计算机和笔记本电脑上网网民比例略有下降，分别为 69.6% 和 43.7%。

截至 2014 年 6 月，我国域名总数为 1915 万个，其中.CN 域名总数为 1065 万，占中国域名总数比例为 55.6%；".中国"域名总数达到 28 万。

截至 2014 年 6 月，我国网站总数为 273 万个，.CN 下网站数为 127 万个。

【内容结束】

打开 WORD2.docx 文档，要求完成下列操作：

（1）将标题居中，设置黑体、小二号、加粗。

（2）将文档中所有 Internet 替换为"互联网"，设置为红色黑体、小四号、倾斜。

（3）设置正文各段首行缩进 2 个字符，行间距"固定值"25 磅，段前间距 0.2 行。

完成后，存盘文件为 WORD2.docx。

【试题解答提示】

（1）使用选择标题设置居中，按要求设置字体。

（2）调出查找对话框，设置查找和替换内容，按要求设置替换内容格式，进行替换。

（3）选择除标题以外文字，调出段落对话框，按要求设置段落缩进、行间距和段前间距。

完成后，存盘文件为 WORD2.docx。

3.【WORD3.docx 文档内容】

五岳是远古山神崇敬拜、五行观念和帝王巡猎封禅相结合的产物，后为道教所继承，被视为道教名山，它们是：

东岳泰山（1532.7 米），位于山东省泰安市

　　西岳华山（2154.9 米），位于陕西省华阴县

　　南岳衡山（1300.2 米），位于湖南省衡山县

　　北岳恒山（2016.1 米），位于山西省浑源县

　　中岳嵩山（1491.7 米），位于河南省登封市

古代帝王附会五岳为群神所居，在诸山举行封禅、祭祀盛典。「五岳」说始于汉武帝。唐玄宗、宋真宗封五岳为王，为帝。明太祖尊五岳为神。汉宣帝定的五岳中以安徽省天柱山为南岳，河北省曲阳县的大茂山为北岳，后始改以湖南省的衡山为南岳，隋以后成为定制。明代又以山西省浑源县的恒山为北岳，清代移祀北岳于此。五岳均有寺庙名胜多处，其中东岳泰山为五岳之首！

　　【内容结束】

　　打开 WORD3.docx 文档，要求完成下列操作：

　　（1）将第一段第一个字符"五"设置首字下沉，字体为楷体 GB2312，下沉行数为 2 行。

　　（2）将"东岳泰山（1532.7 米），位于山东省泰安市……中岳嵩山（1491.7 米），位于河南省登封市"五行，设置项目符号◆。

　　（3）设置页面为"16 开"，纸张方向为"横向"。

　　（4）插入页码，"页面底端，居中，一、二、三……"。

　　完成后，存盘文件为 WORD3.docx。

　　【试题解答提示】

　　（1）选中"五"调出"首字下沉"对话框，按要求设置。

　　（2）按要求选择内容，调出"项目符号和编号"，按要求设置项目符号◆。

　　（3）调出"页面设置"按要求设置页面和纸张方向。

　　（4）调出"页码"按要求设置参数。

　　完成后，存盘文件为 WORD3.docx。

4.【WORD4.docx 文档内容】

电脑的学名为电子计算机，是由早期的电子计算器发展而来的。1946 年，世界上出现了第一台电子数字计算机"ENIAC"，用于计算弹道，是由美国宾夕法尼亚大学莫尔电工学院制造的。但它的体积庞大，占地面积 170 多平方米，重量约 30 吨，消耗近 100 千瓦的电力。显然，这样的计算机成本很高，使用不便。1956 年，晶体管电子计算机诞生了，这是第二代电子计算机。只要几个大一点的柜子就可将它容下，运算速度也大大地提高了。1959 年出现的是第三代集成电路计算机。最初的计算机由约翰·冯·诺依曼发明（那时计算机的计算能力相当于现在的计算器），有三间库房那么大，后逐步发展。

从 20 世纪 70 年代开始，这是计算机发展的最新阶段。到 1970 年，由大规模集成电路和超大规模集成电路制成的"克雷一号"使计算机进入了第四代。超大规模集成电路的发明，使电子计算机不断向着小型化、微型化、低功耗、智能化、系统化的方向更新换代。20 世纪 90 年代，电脑向智能方向发展，已制造出与人脑相似的电脑，可以进行思维、学习、记忆、网络通信等工作。

进入 21 世纪，计算机更是笔记本化、微型化和专业化，每秒运算速度超过 100 万次，不但操作简易、价格低廉，而且可以代替人们的部分脑力劳动，甚至在某些方面扩展了人的智能。于是，今天的微型电子计算机就被形象地称作电脑了。

【内容结束】

打开 WORD4.docx 文档，要求完成下列操作：

（1）设置正文各段首行缩进 2 个字符，行间距 1.5 倍。

（2）所有电脑后面加上（Computer）字符。

（3）给文档插入艺术字标题"计算机的发展"，标题居中，艺术字设置，第三行第三个，字体仿宋 GB2312，字号 48 号。

（4）在文档最后，插入剪贴画，并搜索电脑，在其后插入笔记本电脑图片。

完成后，存盘文件为 WORD4.docx。

【试题解答提示】

（1）选中正文，调出段落对话框，按要求设置首行缩进和行间距参数。

（2）调出查找对话框，输入查找内容"计算机"和替换内容"计算机（Computer）"，全部替换。

（3）调出"艺术字库"对话框，输入标题，按要求设置艺术字参数。

（4）移动光标到文件尾端，调出"插入剪贴画"对话框，输入"电脑"并搜索，按要求选择图片。

完成后，存盘文件为 WORD4.docx。

5.【WORD5.docx 文档内容】

航天飞机介绍

1969 年 4 月，美国宇航局提出建造一种可重复使用的航天运载工具的计划。1972 年 1 月，美国正式把研制航天飞机空间运输系统列入计划，确定了航天飞机的设计方案，即该运输系统由可回收重复使用的固体火箭助推器，不回收的两个外挂燃料贮箱和可多次使用的轨道器三个部分组成。经过 5 年时间，1977 年 2 月研制出一架创业号航天飞机轨道器，由波音 747 飞机驮着进行了机载试验。1977 年 6 月 18 日，首次载人用飞机背上天空试飞，参加试飞的是宇航员海斯（C.F.Haise）和富勒顿（G.Fullerton）。8 月 12 日，载人在飞机上飞行试验圆满完成。又经过 4 年，第一架载人航天飞机终于出现在太空舞台，这是航天技术发展史上的又一个里程碑。

航天飞机是一种为穿越大气层和太空的界线（高度 100 千米的关门线）而设计的火箭动力飞机。它是一种有翼、可重复使用的航天器，由辅助的运载火箭发射脱离大气层，作为往返于地球与外层空间的交通工具，航天飞机结合了飞机与航天器的性质，像有翅膀的太空船，外形像飞机。航天飞机的翼在回到地球时提供空气煞车作用，以及在降跑道时提供升力。航天飞机升入太空时跟其他单次使用的载具一样，是用火箭动力垂直升入。因为机翼的关系，航天飞机的酬载比例较低。设计者希望以重复使用性来弥补这个缺点。

【内容结束】

打开 WORD5.docx 文档，要求完成下列操作：

（1）将标题居中，设置红色黑体、小二号、底纹设置黄色。

（2）将所有正文设置为宋体小四号、行间距 1.5 倍。

（3）将标题字符间距设置缩放 200%、间距加宽、6 磅。

（4）将第二段移到第一段前面，使之成为第一段。

（5）在文档页眉上输入"航天飞机介绍"，设置为宋体、五号字体。

完成后，存盘文件为 WORD5.docx。

【试题解答提示】

（1）选择标题设置居中，按要求设置字体参数。

（2）选中全部正文，按要求设置字体，使用设置段落命令，按要求设置行间距。

（3）选择"字体"对话框的设置"字符间距"命令，按要求设置字符间距参数。

（4）选中第二段文字，先剪切，然后移动光标到第一段前端，再复制。

（5）选择"页眉和页脚"命令，在页眉输入内容，并按要求设置字体和字号。

完成后，存盘文件为 WORD5.docx。

6.【WORD6.docx 文档内容】

李白简介

李白（公元 701 年 2 月—公元 762 年 12 月），字太白，号青莲居士，汉族，又号"谪仙人"（贺知章评李白，杜甫的《饮中八仙歌》也写李白"天子呼来不上船，自称臣是酒中仙"），彰明人。祖籍陇西成纪（现甘肃省秦安县陇城），李白是其父从中原被贬中亚西域的碎叶城（今吉尔吉斯斯坦的托克马克市）所生，4 岁再迁回四川绵州昌隆县（今四川省江油市）。另一说法生于四川省江油市青莲乡。我国唐代伟大的浪漫主义诗人，被后人尊称为"诗仙"，与杜甫并称为"李杜"。

【内容结束】

打开 WORD6.docx 文档，要求完成下列操作：

（1）将标题居中，设置黑体加粗、小二号，加红色下划线。

（2）将全部正文字体设置为仿宋 GB2312、小四号

（3）在文档最后插入竖排文本框，输入李白《静夜思》，"床前明月光，疑是地上霜，举头望明月，低头思故乡。"分四排输入，字体宋体小四号。

（4）在插入文本框后面插入图片，图片文件 libai.jpg 在文件夹中。

完成后，存盘文件为 WORD6.docx。

【试题解答提示】

（1）选择标题设置居中，按要求设置字体参数。

（2）选择全部正文，按要求设置字体参数。

（3）选择"插入文本框"命令，选择竖排，设置字体和字号，然后输入内容。

（4）选择"插入图片"命令，插入文件夹中的 libai.jpg 图片。

完成后，存盘文件为 WORD6.docx。

7.【WORD7.docx 文档内容】

高速铁路

根据 UIC（国际铁路联盟）的定义，高速铁路是指通过改造原有线路（直线化、轨距标准化），使营运速率达到每小时 200 千米以上，或者专门修建新的"高速新线"，使营运速率达到每小时 250 千米以上的铁路系统。早在 20 世初前期，当时火车最高速率超过时速 200 千米者寥寥无几。直到 1964 年日本的新干线系统开通，这是史上第一个实现"营运速率"高于时速 200 千米的高速铁路系统。高速铁路除了在列车在营运达到速度一定标准外，车辆、路轨、操作都需要配合提升。广义的高速铁路包含使用磁悬浮技术的高速轨道运输系统。

【内容结束】

打开 WORD7.docx 文档，要求完成下列操作：

（1）将标题居中，设置黑体加粗倾斜、二号，文字效果设置为"礼花绽放"。

（2）在文档后面插入文件 word7_1.docx 文件，文件在文件夹中。

（3）将标题段的段后间距设置为 15 磅，正文各段的段后设置为 8 磅。

（4）在文档后面插入剪贴画，搜索有关火车图片，插入图片（第四行第一个），填充背景红色，透明度 52%。

完成后，存盘文件为 WORD7.docx。

【试题解答提示】

（1）选择标题设置居中，按要求设置字体参数。在"字体"对话框中的"文字效果"项设置文字效果。

（2）移动光标到文档尾端，使用插入文件命令，插入考生文件夹中 word7_1.docx 文件。

（3）选中标题，使用段落设置命令，设置段后间距；选中全部正文，使用段落设置命令设置段后间距。

（4）移动光标到文件尾端。调出插入"剪贴画"对话框，输入"火车"并搜索，按要求选择图片。使用图片设置对话框设置填充背景和透明度。

完成后，存盘文件为 WORD7.docx。

8．打开空白文档 WORD8.docx，在文档中插入 8 行 5 列表格，设置列宽为 3 厘米，行高 20 磅。表格外框线设置为 1.5 磅实线，表内线设置为 0.5 磅实线。再将第一行表格单元合并成一个单元。存盘文件为 WORD8.docx。

9．【WORD9.docx 文档内容】

| | 星期一 | 星期二 | 星期三 | 星期四 | 星期五 |
|---|---|---|---|---|---|
| | | | | | |
| | | | | | |
| | | | | | |
| | | | | | |

【内容结束】

打开 WORD9.docx 文档，要求完成下列操作：

（1）将所有单元格设置为水平居中对齐方式，字体设置为楷体、小四号

（2）设置列宽为 2.5 厘米，行高 18 磅。表格外框线设置为 1.5 磅实线，表内线设置为 0.5 磅实线

（3）在第一行第一个单元格内，插入斜线表格头样式一，字体小四号，行标题输入星期，列标题输入时间。

完成后，存盘文件为 WORD9.docx。

【试题解答提示】

（1）选中表格，使用单元格对齐命令，设置水平居中对齐方式，使用字体设置命令按要求设置字体和字号。

（2）选中表格，使用表格设置命令，按要求设置列宽和行高，设置表格外框和内框线形参数。

（3）使用绘制斜线表格头命令，按要求插入斜线表头，输入内容，设置字体。

完成后，存盘文件为 WORD9.docx。

10.【WORD10.docx 文档内容】

| 姓名 | 语文 | 数学 | 英语 |
|------|------|------|------|
| 李平 | 86 | 75 | 78 |
| 张杰 | 89 | 98 | 91 |
| 王晓峰 | 67 | 86 | 76 |
| 赵虎 | 82 | 77 | 66 |
| 孙晓东 | 92 | 88 | 73 |

【内容结束】

打开 WORD10.docx 文档，要求完成下列操作：

（1）将第一行字体设置为黑体加粗四号，其他行设置宋体小四号。

（2）将第一行设置为水平居中对齐方式，其他行设置为水平左对齐的对齐方式。

（3）在表格右侧增加一列，输入标题栏"总分"，然后计算出总分成绩。

完成后，存盘文件为 WORD10.docx。

【试题解答提示】

（1）选中表格第一行单元，使用字体设置命令，按要求设置字体；选中除第一行以外所有行，使用字体设置命令，按要求设置字体。

（2）选中表格第一行单元，使用单元格对齐命令，按要求设置水平居中；选中除第一行以外所有行，使用单元格对齐命令，按要求设置水平左对齐。

（3）移动光标到"英语"单元格，使用表格插入"列（在右侧）"命令插入一列，然后输入标题栏"总分"，使用求和公式计算出每行总分。

完成后，存盘文件为 WORD10.docx。

11.【WORD11.docx 文档内容】

| 姓名 | 计算机基础 | 计算机网络 | C++程序设计 |
|------|-----------|-----------|------------|
| 李平 | 86 | 75 | 78 |
| 张杰 | 89 | 98 | 91 |
| 王晓峰 | 67 | 86 | 76 |
| 赵虎 | 82 | 77 | 66 |
| 孙晓东 | 92 | 88 | 73 |

【内容结束】

打开 WORD11.docx 文档，要求完成下列操作：

（1）在表格前面插入 WORD2.docx 文档内容。

（2）将标题设置为红色小二号、加粗、居中、段后间距 1 行。

（3）将文档中最后六行转换成 6 行 4 列表格。

（4）将表格一行设置为水平居中，其他设置为水平左对齐。

完成后，存盘文件为 WORD11.docx。

【试题解答提示】

（1）移动光标到表格前端，使用插入文件命令，插入 WORD2.docx 文件。

（2）选择标题设置居中命令，按要求设置字体，使用段落设置命令，设置段后间距。

（3）选中最后六行文字，使用文本转换成表格命令，将文本转换为表格。

（4）选中表格第一行单元，使用单元格对齐命令，按要求设置水平居中；选中除第一行以外所有行，使用单元格对齐命令，按要求设置水平左对齐。

12.【WORD12.docx 文档内容】

| | | | | | |
|---|---|---|---|---|---|
| | | | | | |
| | | | | | |
| | | | | | |
| | | | | | |
| | | | | | |

【内容结束】

打开 WORD12.docx 文档，要求完成下列操作：

（1）将表格行高设置为 2 厘米，列宽设置为 2.5 厘米。

（2）将第一行合并为一个单元，并将该单元底纹设置为淡黄色。

（3）在第一行输入"我的表格"，红色仿宋，小二号，水平居中。

（4）设置表格边框红色、宽度 3 磅，表内线设置为 1.2 磅实线。

完成后，存盘文件为 WORD12.docx。

【试题解答提示】

（1）选中表格，使用表格属性设置命令，按要求设置列宽和行高。

（2）选中第一行使用单元格合并命令进行合并操作，使用"边框和底纹"对话框设置底纹。

（3）在合并单元格输入"我的表格"，按要求设置字体和字号，设置水平居中对齐方式。

（4）使用表格属性设置，按要求设置表格边框和内线参数。

完成后，存盘文件为 WORD12.docx。

13.【WORD13.docx 文档内容】

| 姓名 | 计算机基础 | 计算机网络 | C++程序设计 |
|---|---|---|---|
| 李平 | 86 | 75 | 78 |
| 张杰 | 89 | 98 | 91 |
| 王晓峰 | 67 | 86 | 76 |
| 赵虎 | 82 | 77 | 66 |
| 孙晓东 | 92 | 88 | 73 |

【内容结束】

打开 WORD13.docx 文档，要求完成下列操作：

（1）在表格右侧增加一列，输入标题栏"平均分"，然后计算出平均分。

（2）设置第一行为红色仿宋、小二号、水平居中。其他为宋体小四号、水平左对齐。

（3）设置第一行底纹为青绿色，表格外框设置为实线，宽度设置为 2.5 磅。

（4）在表格后面插入当前日期，选择第三行格式，设置右对齐方式。

完成后，存盘文件为 WORD13.docx。

【试题解答提示】

（1）移动光标到"C++程序设计"单元格，使用表格插入"列（在右侧）"命令插入一列，然后输入标题栏"平均分"，使用求平均分公式计算出每行平均分。

（2）选中第一行，按要求设置字体和字号大小，设置水平居中对齐方式；选中除第一行以外所有行按要求设置字体和字号大小，设置水平居左对齐方式。

（3）选中第一行，使用"边框和底纹"命令，按要求设置表格外框和底纹参数。

（4）移动光标到表格尾端，使用插入日期和时间命令，按要求插入时间和日期，然后设置右对齐方式。

完成后，存盘文件为 WORD13.docx。

14．打开空白文档 WORD14.docx，插入艺术字，在第三行第二列输入"圣诞快乐"，字体38号，填充为红色，设置水平居中。在剪贴画搜索"节日"插入圣诞老人图片。设置图片外框线形为实线、宽度2磅。

完成后，存盘文件为 WORD14.docx。

【试题解答提示】

使用插入艺术字命令，按要求选择艺术字形状、输入文字、设置字体大小和颜色，选中艺术字设置水平居中方式。移动光标到文件尾端，调出插入"剪贴画"对话框，输入"节日"并搜索，按要求选择图片。使用图片设置对话框，设置外框线形和宽度。

完成后，存盘文件为 WORD14.docx。

15．打开空白文档 WORD15.docx，插入横排文本框，输入"计算机图片"。字体楷体、红色小二号、倾斜。文本框大小适应文字大小，外框线形设置为没有线形。剪贴画搜索"电脑"插入笔记本电脑图片。设置图片外框线形为红色实线、宽度2.25磅，然后将插入艺术字和图片组合成一个整体。

完成后，存盘文件为 WORD15.docx。

【试题解答提示】

使用插入文本框，选择横排方式输入文字，按要求设置字体、大小、颜色。使用文本框属性命令设置文本框大小使其适应文字大小，外框线形设置为没有线形。移动光标到文件尾端，调出插入"剪贴画"对话框，输入"计算机"并搜索，按要求选择图片。使用图片设置对话框，设置外框线形和宽度。最后依次选中文本框和图片，使用对象组合命令，将文本框和图片组合成一个整体。

16．【WORD16.docx 文档内容】

大规模级成电路特点

超大规模级成电路是指级成度（每块芯片所包含的元器件数）大于10的级成电路。级成电路一般是在一块厚 0.2～0.5mm、面积约为 0.5 平方毫米的 P 型硅片上通过平面工艺制作而成的。这种硅片（称为级成电路的基片）上可以作出包含十个（或更多）二极管、电阻、电容和连接导线的电路。

与分立元器件相比，级成电路元器件有以下特点：

1．单个元器件的精度不高，受温度影响也较大，但在同一硅片上用相同工艺制造出来的元器件性能比较一致，对称性好，相邻元器件的温度差别小，因而同一类元器件温度特性也基本一致。

2．级成电阻及电容的数值范围窄，数值较大的电阻、电容占用硅片面积大。级成电阻一般在几十 Ω 至几十 kΩ 范围内，电容一般为几十 pF。电感目前不能级成。

3．元器件性能参数的绝对误差比较大，而同类元器件性能参数之比值比较精确。

4．纵向 NPN 管 β 值较大，占用硅片面积小，容易制造。而横向 PNP 管的 β 值很小，但其 PN 结的耐压高。

【内容结束】

打开 WORD16.docx 文档，要求完成下列操作：

（1）将所有"级成"替换为"集成"。

（2）将标题居中，字体红色黑体、小二号、倾斜，设置标题背景黄色。

（3）正文各段字体设置宋体小四号，各段首行缩进 2 字符，各段落段后间距 8 磅。

（4）设置页眉为"大规模集成电路"，字体小五号。

【试题解答】

选择"编辑"→"替换"命令，弹出"查找和替换"对话框，如图 4-1 所示。

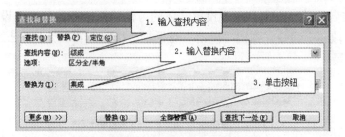

图 4-1　查找和替换（1）

依次按照图 4-1 所示步骤就可以完成替换命令。

选中标题段文字，单击工具栏上"居中对齐"按钮，完成水平居中。再在选中标题文字上面单击鼠标右键弹出菜单，选择"字体"命令（或选择"开始"→"字体"命令），弹出字体设置对话框，如图 4-2 所示。

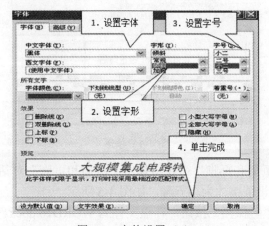

图 4-2　字体设置（1）

依次按照图 4-2 所示步骤就可以完成标题字体设置。

选择"格式"→"格边框与底纹"命令，在弹出的"边框与底纹"对话框中选择"底纹"，设置方法如图 4-3 所示。

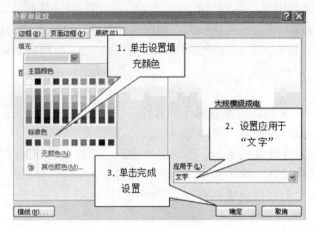

图 4-3　边框与底纹

选择全部正文各段落，按照（2）中设置字体的方法将正文各段落字体设置为宋体小四号。选择"开始"→"段落"命令，弹出"段落"对话框，按照图 4-4 所示方法进行设置即可完成（3）小题操作。

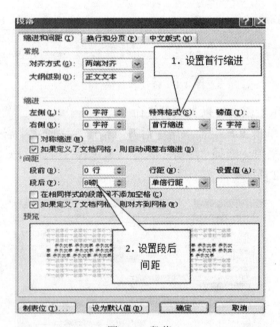

图 4-4　段落

选择"视图"→"页眉和页脚"命令，弹出"页眉和页脚"对话框。在页眉编辑区域输入"大规模集成电路"，设置字体为小五号，如图 4-5 所示。

完成后，单击工具栏"保存"按钮，存盘文件为 WORD16.docx。

图 4-5　页眉和页脚

17.【WORD17.docx 文档内容】

3D Studio Max（常简称为 3DS MAX 或 MAX），是 Autodesk 公司开发的基于 PC 系统的三维动画渲染和制作软件。其前身是基于 DOS 操作系统的 3D Studio 系列软件。在 Windows NT 出现以前，工业级的 CG 制作被 SGI 图形工作站所垄断。3D Studio Max + Windows NT 组合的出现降低了 CG 制作的门槛，该组合首选开始运用在计算机游戏中的动画制作，后来更进一步开始参与影视片的特效制作，例如 X 战警 II、最后的武士等。

在应用范围方面，拥有强大功能的 3DS MAX 被广泛应用于广告、影视、工业设计、建筑设计、多媒体制作、电视及娱乐业、游戏、辅助教学以及工程可视化等领域。比如片头动画和视频游戏的制作，深深扎根于玩家心中的劳拉角色形象就是 3DS MAX 的杰作，在影视特效方面也有一定的应用。而在国内发展得相对比较成熟的建筑效果图和建筑动画制作中，3DS MAX 的使用率更是占据了绝对的优势。根据不同行业的应用特点对 3DS MAX 的掌握程度也有不同的要求，建筑方面的应用相对来说要局限性大一些，它只要求单帧的渲染效果和环境效果，只涉及到比较简单的动画；片头动画和视频游戏应用中动画占地比例很大，特别是视频游戏对角色动画的要求要高一些；影视特效方面的应用则把 3DS MAX 的功能发挥到了极致。

【内容结束】

打开 WORD17.docx 文档，要求完成下列操作：

（1）将第一段"例如 X 战警 II、最后的武士等"改为加粗、加红色下划线（单边）。

（2）将正文第二段字体设置宋体、四号字、加粗、行间距为 1.5 倍。

（3）将所有"3DS MAX"替换成"3DS Max"，并将它们设置为红色、倾斜。

（4）将文件存盘，文件名是 WORD17_1.docx。

【试题解答】

（1）选中"例如 X 战警 II，最后的武士等"文字，按鼠标右键弹出菜单，单击"字体"选项弹出"字体"对话框，在此对字体进行设置，如图 4-6 所示。

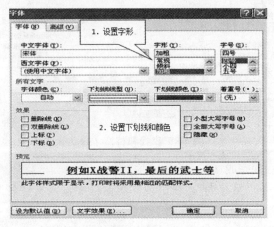

图 4-6　字体设置（2）

按图 4-6 所示步骤进行操作，单击"确定"按钮后就完成（1）小题任务。

（2）选中正文第二段内容，单击鼠标右键弹出菜单，选择"字体"命令，弹出"字体"对话框，设置宋体、四号字、加粗，按"确定"按钮完成设置。

单击鼠标右键弹出菜单，选择"段落"命令弹出"段落"对话框，将行距改为 1.5 倍行间距，单击"确定"按钮完成设置。

（3）选择"开始"→"替换"命令，弹出"查找和替换"对话框，如图 4-7 所示。

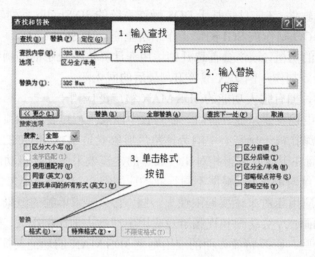

图 4-7　查找和替换（2）

单击"格式"按钮后选择"字体"，就会出现字体设置对话框，设置为红色、倾斜。按"确定"按钮重新回到"查找和替换"对话框，如图 4-8 所示。

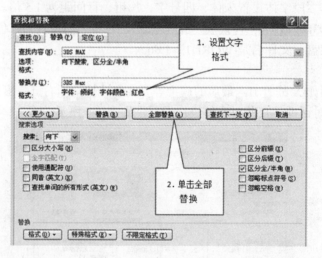

图 4-8　查找和替换（3）

依次完成上述操作，就完成（3）小题。

（4）单击"文件"→"另存为"，在出现的对话框中输入文件名 WORD17_1.docx，单击"保存"按钮完成操作。

将文件存盘并关闭 Word 2010 就完成了第 17 题的所有操作。

18.【WORD18.docx 文档内容】

| 姓名 | 计算机基础 | 计算机网络 | C++程序设计 |
|---|---|---|---|
| 李平 | 86 | 75 | 78 |
| 张杰 | 89 | 98 | 91 |
| 王晓峰 | 67 | 86 | 76 |
| 赵虎 | 82 | 77 | 66 |
| 孙晓东 | 92 | 88 | 73 |

【内容结束】

打开 WORD18.docx 文档，要求完成下列操作：

（1）将文档六行文本转换成为成 6 行 4 列表格。

（2）在第三列前面增加 1 列，输入标题栏"计算机英语"，分别给五个学生输入计算机英语成绩 87、92、77、82、90。

（3）将第一行设置为宋体、红色四号字体、水平居中对齐方式。

（4）将表格外框设置为红色、实线、宽度 2.5 磅。

【试题解答】

选择"插入"→"表格"→"文本转换成表格"命令，弹出"将文字转换成表格"对话框，操作过程如图 4-9 所示。

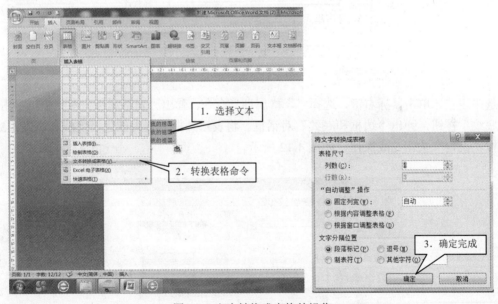

图4-9　文本转换成表格的操作

依照图 4-9 操作便可以完成（1）小题操作。

将光标移到"计算机网络"单元格，单击右键选择"插入"→"在左侧插入列"命令，完成插入列操作，如图 4-10 所示。

将光标移到插入列第一行单元，输入"计算机英语"，在将光标移到插入列第二行单元，输入 87，再对其余四行依次操作完成 92、77、82、90 的输入。

按照上面操作，便可完成（2）小题操作。

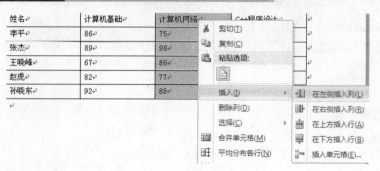

图 4-10　插入列

选择第一行，执行"开始"→"字体"命令，弹出"字体"对话框，设置为宋体、红色四号字体，按"确定"按钮完成字体设置操作。然后再选中单元格，按鼠标右键选择"单元格对齐方式"→"水平居中"命令，完成操作，如图 4-11 所示。

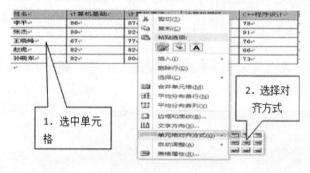

图 4-11　水平居中

选中表格，单击鼠标右键，选择"表格属性"命令，弹出"表格属性"对话框，单击"边框和底纹"按钮，弹出"边框和底纹"对话框。将表格外框设置为红色、实线、宽度 1.5 磅，最后按"确定"按钮完成操作，如图 4-12 所示。

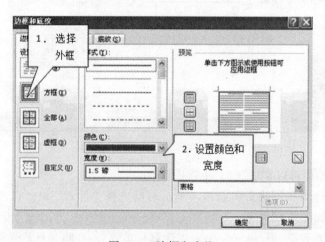

图 4-12　边框和底纹

将文件存盘并关闭 Word 2010，通过上面操作就完成了第 18 题的所有操作。

## 第四节　素质拓展

### 一、Word 2010 快速编辑技巧

（1）快速输入大写中文数字

执行"插入"菜单上的"数字"命令，在弹出的"数字"对话框中输入需要的数字，如输入 1231291，然后在"数字类型"里面选择中文数字版式"壹、贰、叁…"，单击"确定"按钮，中文数字式的"壹佰贰拾叁万壹仟贰佰玖拾壹"就输入好了。

（2）将姓名按姓氏笔划排序

在举办会议或者进行评比时，需要对相关的人员姓名按照姓氏笔划进行排序。首先将需要排序的姓名写出来，每个姓名要占一行，即输入结束后需按"回车"键换行，选中所有需要排序的姓名，执行"表格"菜单上的"排序"命令；然后在"排序文字"对话框里，将"排序依据"项选择为"段落数"，"类型"项里根据各自的要求，可以选择"笔划""数字""日期""拼音"四种排序方式，在其后的二选一框里选择"递增"或者"递减"方式；最后单击"确定"按钮，杂乱无章的姓氏就被 Word 排列得井井有条了。

（3）巧用"选择性粘贴"中的"无格式文本"

我们在制作文档时经常会用到复制和粘贴的方法，但是直接粘贴的文本有时会出现不希望的格式，如从复制的网页文字粘贴到文档后，四周留下了表格边框；从其他文档粘贴过来的文字延续了源文件中的格式。通过"选择性粘贴"我们可以让这些文字按照设置好的格式出现。将需要的文字复制到剪贴板后，执行"编辑"菜单上的"选择性粘贴"命令，在弹出的对话框中选择"无格式文本"，单击"确定"按钮后，粘贴的文字就是无格式的，也就是说它会按照粘贴光标位置的格式出现。

（4）删除空格

经常对文档编辑排版时往往会碰到文档中有许多空格需要删除，在 Word 2010 中可以进行批量执行删除操作。

从"编辑"菜单中打开"替换"对话框（打开后暂时不要关闭，后面的操作都要在这里完成）。把光标定位到"查找内容"文本框中，按一下空格键输入一个空格（默认情况下是半角空格），"替换为"文本框中什么都不填。单击"全部替换"，Word 将删除文档中所有的空格。

（5）删除空段

在编辑文档过程中，经常会碰到删除空段现象，Word 2010 有批量删除功能。

在"查找和替换"对话框的"高级"模式下，两次单击"特殊格式"中的"段落标记"，"查找内容"框中将出现两个"^p"（也可以手工输入^p^p），再把光标定位到"替换为"框中，单击"段落标记"输入一个"^p"，再单击"全部替换"，文档中所有的空段将全部消失。

### 二、Word 2010 文件操作技巧

（1）如何将 Word 文档转换成为幻灯片

我们经常需要制作内容相同的 Word 文档和 PowerPoint 文档，同时又不想重新进行输入和制作，这个时候就可以用 Word 的文档转换功能。需要将 Word 文档转换成 PowerPoint 文档时，

启动 PowerPoint，选择"文件"菜单栏下的"打开"命令，在打开文件的对话框中把文件类型设置为"所有文件"，然后选择已经编辑好的 Word 文档，单击"确定"按钮即可实现不同文档格式的自动转换。

（2）如何执行"全部保存"

当我们打开了多个文档后，似乎找不到"全部保存"这个命令，其实它是隐藏起来了。按住 Shift 键，然后再打开"文件"菜单，就会发现菜单上多了一个"全部保存"命令，执行该命令即可完成全部保存的操作了。另外，我们还会发现菜单中也多了"全部关闭"的命令，配合"全部保存"命令，Word 操作会更加容易和快捷。

（3）为文档设置密码

单击"工具"按钮，打开"选项"对话框，然后选择"安全性"选项，便可以设置打开文件密码和修改文件密码，从而对文档进行保护，如图 4-13 所示。

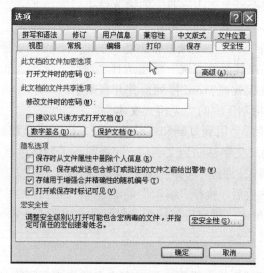

图 4-13　为文档设置密码

# 第五章　Excel 2010 应用与实践

## 第一节　学习大纲

### 一、学习目的和基本要求

本章的学习目的是使学生掌握用 Excel 2010 处理一些常用的表格、制作图表及数据处理等，具体如下：
- Excel 2010 概述。
- 数据的编辑。
- 文件操作、编辑操作、工作表的格式化、图表的使用。
- Excel 2010 的打印、数据管理、数据透视表、宏的基本操作、数据共享。

### 二、主要内容

- 掌握常用表格的处理。
- 熟练地掌握创建图表的方法。
- 熟练地掌握创建数据、对数据进行排序、筛选、分类汇总、合并计算等数据管理操作。
- 掌握数据透视表的创建、编辑及宏的操作。

### 三、相关重要概念

1. Excel 2010 的基本功能
- 提供方便的表格制作。
- 具有强大的计算能力。
- 提供丰富的图表。
- 具有数据库管理功能。
- 数据共享。

2. Excel 2010 的启动与退出

（1）启动 Excel 2010
- 单击"开始"按钮，鼠标指针移到"程序"菜单处。
- 在"程序"菜单中单击 Microsoft Excel 2010 项，则出现 Excel 2010 窗口。
- 若桌面上有 Excel 2010 快捷方式图标，双击它也可启动 Excel 2010。
- 可以双击 Excel 2010 文档启动 Excel 2010。

（2）退出 Excel 2010
- 单击标题栏右端 Excel 2010 窗口的关闭按钮☒。
- 选择 Excel 2010 窗口"文件"菜单的"退出"命令。

- 单击标题栏左端 Excel 2010 窗口的控制菜单按钮⊠，执行"关闭"命令。
- 按快捷键 Alt+F4。

3．Excel 2010 窗口

Excel 2010 窗口由标题栏、菜单栏、工具栏、数据编辑区和状态栏等组成。

（1）标题栏

标题栏左侧是控制菜单按钮，它包含恢复窗口、移动窗口、改变窗口的大小、最大（小）化窗口和关闭窗口。标题栏右侧有最小化、最大化/还原、关闭按钮。

（2）菜单栏

菜单栏包括文件、编辑、视图、插入、格式、工具、数据、窗口和帮助九个菜单项。各菜单均含有若干命令，可以进行绝大多数的 Excel 2010 操作。

（3）工具栏

默认显示的是"常用"和"格式"工具栏。可以根据当前需要显示工具栏，选择"视图"菜单的"工具栏"命令，选择某工具栏名称，则其前将出现√（工具栏将显示），再单击之，其前的√又消失了（该工具栏将被隐藏）。

（4）数据编辑区

数据编辑区用来输入或编辑当前单元格的值或公式，其左边有编辑按钮，对应输入、取消和编辑公式功能。该区的左侧为名称框，它显示当前单元格或区域的地址或名称。

（5）状态栏

状态栏位于窗口的底部，用于显示当前命令或操作的有关信息。例如，在为单元格输入数据时，状态栏显示"编辑"，完成输入后，状态栏显示"就续"。

（6）工作簿窗口

在 Excel 2010 窗口中还有一个小窗口，称为工作簿窗口，有标题栏、控制菜单按钮、最小化和最大化按钮、关闭窗口按钮。工作簿窗口下方左侧是当前工作簿的工作表标签，每个标签显示工作表名称，其中一个高亮标签（其工作表名称有下划线）是当前正在编辑的工作表。

（7）工作簿与工作表

工作簿是一个 Excel 2010 文件，扩展名为.XLSXX，其中可以含有一个或多个表格（称为工作表）。它像一个文件夹，把相关的表格或图表存放在一起，便于处理。

一个工作簿最多可以含有 225 个工作表，一个新工作簿默认有三个工作表，分别命名为 Sheet1、Sheet2 和 Sheet3，工作表名字可以修改，工作表的个数也可以增减。

（8）单元格与当前单元格

工作表中行列交汇处的区域称为单元格，窗口左侧的 1，2，3，…，65536 表示工作表行号，上方的 A，B，C，…，IU，IV 表示工作表列号，它们构成单元格的地址，也就是说工作表是由 65536 行和 256 列组成的。

## 四、基本理论

1．工作簿操作

（1）建立新工作簿

- 每次启动 Excel 2010，系统自动建立一个新工作簿，文件名为 Book1.XLSX。
- 单击"常用"工具栏的"新建"按钮。

- 选择"文件"菜单的"新建"命令。

（2）保存工作簿

- 执行"文件"菜单的"保存"命令。
- 单击"常用"工具栏的"保存"按钮。
- 换名保存。执行"文件"菜单的"另存为"命令，在"另存为"对话框中设置。

（3）打开工作簿

- 执行"文件"菜单中的"打开"命令。
- 单击工具栏中的"打开"按钮。
- 单击"文件"菜单中存放的工作簿文件名。

（4）关闭工作簿

- 单击"文件"菜单的"关闭"命令。
- 单击工作簿窗口的"关闭"按钮。
- 双击工作簿窗口左上角的控制菜单按钮，调出控制菜单，选择"关闭"命令。

2．工作表操作

新建的工作簿默认有三个工作表。可以选择对某个工作表进行操作，还可以对工作表进行重命名、复制、移动、隐藏和分割等操作。

（1）选定工作表

在编辑工作表前，必须先选定它，使之成为当前工作表。选定工作表的方法是：单击目标工作表中的标签使该工作表成为当前工作表，其名字以白底显示且有下划线。若目标工作表未显示在工作表标签行，可以通过单击工作表标签滚动按钮，使目标工作表标签出现并单击它。

1）选定多个相邻的工作表。

单击这几个工作表中的第一工作表标签，然后按住 Shift 键并单击工作表中的最后一个工作表标签，此时这几个工作表标签均以白底显示，工作簿标题出现"工作组"字样。

2）选定多个不相邻的工作表。

按住 Ctrl 键并单击每一个要选定的工作标签。

（2）工作表重命名

为工作表重命名的方法是：双击要改名的工作表标签，使其反白显示，再单击鼠标，出现插入点，然后进行修改或输入新的名字。

（3）工作表的移动和复制

工作表的移动和复制方法如下：

1）在同一工作簿内移动（或复制）工作表。

单击要移动（或复制）的工作表标签，沿着标签行拖动（或按住 Ctrl 键拖动）工作表到目标位置。

2）在不同工作簿之间移动（或复制）工作表。

打开源工作簿和目标工作簿，单击源工作簿中要移动（或要复制）的工作表标签，使之成为当前工作表。

选择"编辑"菜单的"移动或复制工作表"命令，出现"移动或复制工作表"对话框。

在对话框的"工作簿"栏中选中目标工作簿，在"下列选定工作表之前"栏中选定在目标工作簿中的插入位置。

（4）插入工作表

一个工作簿默认有三个工作表。有时不够用，可用下述方法插入新的工作表。

1）单击某工作表标签（新工作表将插在该工作表之前）。

2）选择"插入"菜单的"工作表"命令。

（5）删除工作表

1）单击要删除的工作表标签，使之成为当前工作表。

2）选择"编辑"菜单的"删除工作表"命令，出现 Microsoft Excel 2010 对话框。

3）单击对话框中的"确定"按钮。

（6）工作表的分割

在工作簿窗口的垂直滚动条的上方有水平分割条、在水平滚动条的右端有垂直分割条。当鼠标指针分别移到水平和垂直滚动条上时，鼠标呈"上下和左右双箭头"。

3．三种类型的数据输入操作

Excel 2010 的每个单元格最多可输入 32010 个字符。常量数据类型分为字符型、数值型和日期型三种。

（1）字符

单击目标单元格，使之成为当前单元格，名称框中出现了当前单元格的地址，然后输入字符串。输入的字符串在单元格中左对齐。

（2）数值

输入数值时，默认形式为普通表示法，如 78、100.54 等。当长度超过单元格宽度时自动转换为科学计数法表示，如输入 110000000011，在单元格中显示 1.1E+11。数值在单元格中右对齐。

（3）日期

若输入的数据符合日期或时间的格式，则 Excel 2010 将以日期或时间格式存储数据。

4．智能填充数据

当相邻单元格中要输入相同的数据或按某种规律变化的数据时，可以用 Excel 2010 的智能填充功能实现快速输入。在当前单元格的右下角有一小黑块，称为填充句柄。

（1）填充相同数据

在当前单元格 A1 中输入"北京大学"，鼠标指针移到填充句柄，此时，指针呈+状，拖动它向下直到 A11，松开鼠标键，从 A2 到 A11 均填充了"北京大学"。

（2）填充已定义的序列数据

在单元格 B2 输入"一月"，拖动填充句柄向下直到单元格 B11，松开鼠标左键，则从 B2 起，依次是"一月""二月"……"十月"。数据序列："一月，二月，……，十二月"事先已经定义。所以，当在 B2 单元格中输入"一月"并拖动填充句柄时，Excel 2010 就按该序列数据依次填充二月、三月……若序列数据用完，再从开始取数据。即"一月，二月，……，十二月，一月……"。Excel 2010 中已定义的填充序列还有：

- Sun，Mon，Tue，Wed，Thu，Fri，Sat
- Sunday，Monday，Tuesday，Wednesday，…，Saturday
- 日，一，二，三，四，五，六
- 星期日，星期一，星期二，星期二，星期四，星期五，星期六

- Jan，Feb，Mar，Apr，May，…，Dec
- 一月，二月，……，十二月
- 第一季，第二季，第三季，第四季
- 甲，乙，丙，丁，……，癸

用户也可自定义填充序列，方法如下：

1）选择"工具"菜单中的"选项"命令，出现"选项"对话框。

2）选择"自定义序列"标签，可以看到"自定义序列"框中显示了已经定义的各种填充序列，选中"新序列"并在"输入序列"框中输入填充序列（如：一级，二级，……，八级）。

3）单击"添加"按钮，新定义的填充序列将出现在"自定义序列"框中。

4）单击"确定"按钮。

（3）智能填充

除了用已定义的序列进行自动填充外，还可以指定某种规律（如等比、等差）进行智能填充。以 A7：E7 依次按等差数列填充 6，8，10，12，14 为例。

1）在 A7 中输入起始值 6。

2）选定要填充的单元格区域（鼠标自 A7 一直拖到 E7）。

3）选择"编辑"→"填充"→"序列"命令，出现"序列"对话框。

4）在"序列产生在"栏中选定填充方式（按行或列）。本例中选择按"行"填充。

5）在"类型"栏中选择填充规律，选择"等差序列"。

6）在"步长值"栏中输入公差 2。

5．单元格操作

对已建立的工作表，根据需要若想编辑修改其中的数据，首先要移动单元格指针到目的地或选定编辑对象，然后才能进行增、删、改操作。

（1）单元格指针的移动

要编辑某单元格，必须把单元格指针移动到该单元格，使之成为当前单元格。

（2）选定单元格

若要对某个或某些单元格进行编辑操作，必须先选定这些单元格。若要选定一个单元格，只要单击该单元格即可。

（3）编辑单元格数据

若想对当前单元格中的数据进行修改，当原数据与新数据完全不一样时，可以重新输入；当新数据只是在原数据的基础上略加修改且数据较长，采用重新输入不合理时，可单击数据编辑区（该区显示当前单元的数据），插入点出现在数据编辑区内，状态栏左侧由"就绪"变成"编辑"，表示可以进行编辑。修改时，插入改写状态的开关为插入键 Ins 或 Insert。编辑完毕，按 Enter 键，单元格中出现修改后的数据，状态栏左侧由"编辑"变成"就绪"，表示编辑命令已执行完毕等待执行下一个命令。若想取消修改，可按 Esc 键或单击数据编辑区左边的取消按钮 ✖，则单元格仍然保持原有的数据。

（4）移动与复制单元格数据

若数据输错了位置，不必重新输入，可以将它移动到正确的单元格中。某些单元格具有相同的数据，可以采用复制的方法，避免重复输入，提高效率。

（5）清除单元格数据

清除单元格数据不是清除单元格本身，而是清除单元格中的数据内容、格式或批注三者之一，或三者均被清除。

（6）插入或删除单元格

- 插入单元格的操作步骤：单击某单元格（如D2）使之成为当前单元格，它作为插入位置。选择"编辑"菜单的"插入"命令，出现"插入"对话框。

- 删除单元格时单击要删除的单元格（如D2），使之成为当前单元格。选择"编辑"菜单的"删除"命令，出现"删除"对话框。

6. 查找和替换

（1）查找

1）选定查找范围。

2）单击"编辑"菜单的"查找"命令，出现"查找"对话框。

3）在对话框内输入查找内容，并指定搜索方式和搜索范围。

（2）替换

1）选定查找范围。

2）单击"编辑"菜单的"替换"命令，出现"替换"对话框。

3）在对话框中输入查找内容和替换它的新数据（替换值）。

4）单击"全部替换"按钮，将把所有找到的指定内容一一用新数据替换。

## 第二节　重点解疑

### 一、重点与难点

1. 输入公式

输入的公式形式为：

=表达式

其中表达式由运算符、常量、单元格地址、函数及括号等组成，不能包括空格。例如，"=SUM(A1:C1)+100"是正确的公式，而"A1+A2"是错误的，因为前面少了一个"="。

2. 运算符

用运算符把常量、单元格地址、函数及括号等连接起来构成了表达式。常用运算符有算术运算符、字符连接符和关系运算符等三类。运算符具有优先级，表5-1按优先级从高到低列出了各运算符。

表5-1　运算符

| 运算符 | 含义 | 优先级 |
| --- | --- | --- |
| : | 区域引用（Range） | 1 |
| 空格（ ） | 交叉引用（Intersection） | 2 |
| , | 联合引用（Union） | 3 |
| - | 负号（Negation） | 4 |

续表

| 运算符 | 含义 | 优先级 |
|---|---|---|
| % | 百分比（Percent） | 5 |
| ^ | 乘幂（Exponentiation） | 6 |
| *，/ | 乘除（Multiplication and division） | 7 |
| +，- | 加减（Addition and subtraction） | 8 |
| & | 文本连接符（Text concatenation） | 9 |
| =，">=，<，>，<=，>=，<> | 比较运算符（Comparison） | 10 |

3. 修改公式

修改公式可以在编辑区进行，方法如下：

1）单击公式所在的单元格。

2）单击数据编辑区左边的"="按钮，出现公式编辑界面。

3）单击数据编辑区中的公式需修改处，进行增、删、改等编辑工作。修改时，系统随时计算修改后的公式，并把结果显示在"计算结果"栏中。

4）修改完毕后，单击"确定"按钮（若单击"取消"按钮，则刚进行的修改无效，恢复修改前的状态），修改生效。

4. 复制公式

单元格有规律变化的公式不必重复输入，可采用复制公式的办法，其中单元格地址变化由系统来推定，复制公式类似于复制单元格。

（1）相对地址

复制公式时，系统并非简单地把单元格中的公式原样照搬，而是根据公式的原来位置和复制位置推算公式中单元格地址相对原位置的变化。随公式复制的单元格位置变化而变化的单元格地址称为相对地址。也就是引用时直接使用列标行号的地址表示。如在 C2 单元格中输入"=A2+B2"，则当自动填充至 C3，C4 时，公式自动变为"=A3+B3"和"=A4+ B4"。

（2）绝对地址

公式中某一项的值固定放在某单元格中，在复制公式时，该项地址不变，这样的单元格地址称为绝对地，其表示形式是在普通地址前加$。如在 C2 单元格输入"= A2+$B$2"，则自动填充至 C3，C4 时，公式自动变为"= A3+$B$2"和"A4+$B$2"，由于公式中单元格地址 B2 的行号和列标前引用了$符号，所以单元格的地址 B2 未发生变化。

（3）跨工作表的单元格地址引用

公式中可能用到另一工作表的单元格中的数据，如 F3 中的公式为：

$$=(C3+D3+E3)×Sheet2!B1$$

其中"Sheet2! B1"表示工作表 Sheet2 中 B1 单元格地址，这个公式表示计算当前工作表中的 C3、D3 和 E3 单元格数据之和与 Sheet2 工作表中的 B1 单元格的数据的乘积，结果存入当前工作表中的 F3 单元格中。

地址的一般形式为：工作表!单元格地址。

当前工作表的单元格的地址可以省略"工作表名!"。

5. 自动求和按钮

（1）使用自动求和按钮输入一个求和公式

求 C4:E4 各单元格中数据之和。操作步骤如下：

选定参加求和的单元格区域 C4:E4 和存放结果的单元格地址 F4。

单击常用工具栏的"自动求和"按钮。

可以看到 F4 中出现了求和结果，单击 F4 单元格，在数据编辑区出现"=SUM (C4:E4)"，表示 F4 单元格中的公式是 SUM(C4:E4)，这是求和函数，它表示求 C4: E4 各单元格的数据之和，与"=C4+D4+E4"功能相同。显然，"自动求和"按钮替我们输入了求和公式，如果参加求和的单元格很多，则用自动求和按钮比输入求和公式要方便得多。

（2）使用"自动求和"按钮输入多个求和公式

通过选定区域的变化，单击"自动求和"按钮能一次输入多个求和公式。

6. 函数

Excel 2010 提供了许多内置函数，合理地利用函数可以进行快捷的计算。

（1）函数的形式

函数的形式如下：

> 函数名([参数 1],[参数 2])

函数名后紧跟括号，可以有一个或多个参数，参数间用逗号分隔。函数也可以没有参数，但函数名后的括号是必须的，例如：

SUM(A2:A3,C4:D5)有 2 个参数，表示求 2 个区域中的和。

AVERAGE(A3:D3)有 1 个参数，表示求 A3:D3 中数据的平均值。

（2）常用函数

> SUM(A1,A2…)

功能：求各参数的和。A1，A2 等参数可以是数值或含有数值的单元格的引用。至多 30 个参数。

> AVERAGE(A1,A2…)

功能：求各参数的平均值。A1，A2 等参数可以是数值或含有数值的单元格引用。

> MAX(A1,A2,…)

功能：求各参数中的最大值。

> MIN(AI,A2,…)

功能：求各参数中的最小值。

> COUNT(A1,A2,…)

功能：求各参数中数值型参数和包含数值的单元格的个数。参数的类型不限。

> ROUND(A1,A2)

功能：对数值项 A1 进行四舍五入。

A2>0 表示保留 A2 位小数。

A2=0 表示保留整数。

A2<0 表示从个位向左对 A2 位进行四舍五入。

> INT(A1)

功能：取不大于数值 A1 的最大整数。

> ABS(A1)

功能：取 A1 的绝对值。

IF(P,T,F)

其中 P 是能产生逻辑值（TRUE 或 FALSE）的表达式，T 和 F 是表达式。

功能：若 P 为真（TRUE），则取 T 表达式的值，否则取 F 表达式的值。

（3）输入函数

公式中可以出现函数，例如"=A1-B1*SUM(D1:D4)"。可以采用手工输入函数，即输入"=Al-B1*"后再输入"SUM(D1:D4)"有些函数名较长，输入时易错，为此系统提供了粘贴函数的命令和工具按钮。

（4）关于错误信息

在 Excel 2010 中输入计算公式后，经常会因为输入错误使系统看不懂该公式。

在单元格中出现的错误信息常常使一些初学者手足无措。现将 Excel 2010 中最常见的一些错误信息，以及可能发生的原因和解决方法列出如下，以供初学者参考。

- ####

错误原因：输入到单元格中的数值太长或公式产生的结果太长，单元格容纳不下。

解决方法：适当增加列的宽度。

- #div/0!

错误原因：当公式被零除时，将产生错误值#div/0！

解决方法：修改单元格引用，或者在用作除数的单元格中输入不为零的值。

- #N/A

错误原因：当在函数或公式中没有可用的数值时，将产生错误值#N/A。

解决方法：如果工作表中某些单元格暂时没有数值，在这些单元格中输入#N/A，公式在引用这些单元格时，将不进行数值计算，而是返回#N/A。

- #NAME?

错误原因：在公式中使用了 Microsoft Excel 2010 不能识别的文本。

解决方法：确认使用的名称确实存在。如所需的名称没有被列出，添加相应的名称。如果名称存在拼写错误，修改拼写错误。

- #NULL!

错误原因：当试图为两个并不相交的区域指定交叉点时，将产生以上错误。

解决方法：如果要引用两个不相交的区域，使用合并运算符。

- #NUM!

错误原因：当公式或函数中某些数字有问题时，将产生该错误信息。

解决方法：检查数字是否超出限定区域，确认函数中使用的参数类型是否正确。

- #REF!

错误原因：当单元格引用无效时，将产生该错误信息。

解决方法：更改公式，在删除或粘贴单元格之后，立即单击"撤消"按钮以恢复工作表中的单元格。

- #value!

错误原因：当使用错误的参数或运算对象类型时，或当自动更改公式功能不能更正公式时，将产生该错误信息。

解决方法：确认公式或函数所需的参数或运算符是否正确，并确认公式引用的单元格所包含的均为有效的数值。

7. 数字显示格式

在 Excel 2010 内部，数字、日期和时间都是以纯数字存储的。

（1）设置数字格式

选定要格式化的单元格区域（如 A3）。

选择"格式"菜单的"单元格"命令，出现"单元格格式"对话框。单击对话框的"数字"标签，在分类栏中单击"数值"项，可以在"示例"栏中看到该格式显示的实际情况，还可以设置小数位数及负数显示的形式。

单击"确定"按钮可以看到 A3 单元格中按数值格式显示的结果。

（2）用格式化工具栏设置数字格式

在格式化工具栏中有五个工具按钮可用来设置数字格式。

例如：若当前单元格的数值为 12500，单击"货币样式"按钮，则显示为￥12,500。

（3）条件格式

可以根据某种条件来决定数值的显示颜色。例如学生成绩，小于 60 的成绩用红色显示，大于等于 60 的成绩用黑色显示。

条件格式的定义步骤如下：

①选择要使用条件格式的单元格区域。

②选择"格式"菜单的"条件格式"命令，出现"条件"格式对话框。

③单击左起第一框的下拉按钮，在出现的列表中选择"单元格数值为"（或"公式为"）；再单击从左数第二框的下拉按钮，选择比较运算符（如小于）；在下一框中输入目标比较值，目标比较值可以是常量（如 60），也可以是以"="开头的公式（如"=AVERAGE(A4:C5)"）。

④单击"格式"按钮，出现"单元格格式"对话框，从中确定满足条件的单元格中数据的显示格式（如选择粗体和斜体）。单击"确定"按钮，返回"条件格式"对话框。

⑤若还要规定另一条件，可单击"添加"按钮。

⑥单击"确定"按钮。在 A1:B2 中，小于 60 的粗体红色显示；选择 E1:F2 区域，并在步骤②中选"公式"和"=MOD(E1,F2)=0"，然后在步骤④中选择斜体下划线，则在 E1:F2 区域的偶数就会变成斜体加下划线表示。

（4）零的隐藏

单元格的值为零时，为了整洁，往往不希望显示 0，有两种方法可以做到这一点：菜单命令、IF 函数

8. 日期、时间格式

在单元格中可以用各种格式显示日期或时间。可以用如下方法：

● 选择"格式"菜单的"单元格"命令，在出现的对话框中单击"数字"标签。

● 在"分类"栏中单击"日期"（"时间"）项。

● 在右侧"类型"栏中选择一种日期（时间）格式。

● 单击"确定"按钮。

9. 字符格式

为使表格美观或突出某些数据，可以对有关单元格进行字符格式化。字符格式化有两种方法。

（1）使用工具按钮

在"格式化"工具栏中有几个字符格式化工具按钮。

（2）使用菜单命令

● 选定要格式化的单元格区域。

● 单击"格式"菜单的"单元格"命令，在出现的对话框中单击"字体"标签。

● 在"字体"栏中选择字体，在"字形"栏中选择字形，在"字号"栏中选择字号。另外，还可以规定字符颜色及是否要加下划线等。

10. 单元格格式

（1）标题居中

表格的标题通常在一个单元格中输入，在该单元格中居中对齐是无意义的，而应该按表格的宽度跨单元格居中。这就需要先对表格宽度内的单元格进行合并，然后再居中。

● 使用"格式"工具栏中的"合并及居中"按钮。

● 选择"菜单"命令。

（2）数据对齐

单元格中的数据在水平方向可以左对齐、居中或右对齐，在垂直方向可以靠上、居中或靠下对齐，此外，数据还可以旋转一个角度。

（3）改变行高和列宽

● 鼠标拖动法。

● 菜单命令法。

11. 网格线与边框

（1）网格线

新工作表总显示单元格之间的网格线，若不希望显示网格线，也可以让它消失。

（2）边框

Excel 2010 各种表中显示的灰色网格线不是实际表格线，只有在表格中增加表格线（加边框）才能打印出表格线。

12. 建立图表

有 3 种方法建立图表：图表向导、自动绘图和用图表工具。图表既可以嵌入在工作表中，也可以单独占一个工作表。

（1）用图表向导建立图表

（2）用自动绘图建立图表

（3）用图表工具建立图表

（4）图表的移动和缩放

嵌入式图表建立后，如果对位置不满意，可以将它移到目标位置。如果图表大小不合适，也可以放大或缩小。单击图表，图表边框上出现 8 个小黑块，鼠标指针移到小黑块上，指针就变成双向箭头，拖动鼠标，就能使图表沿着箭头方向进行放大或缩小。鼠标指针移到图表空白处，拖动鼠标能使图表移动位置。

13. 排序

排序的依据字段称为关键字，有时关键字不止一个，以前一个关键字为主，称为主关键字，而后一个关键字仅当主关键字无法决定排序时才起作用，故称为次关键字。

- 用排序工具排序。
- 用菜单命令排序。
- 对某区域排序。若只对数据表的部分记录进行排序，则先选定排序的区域，然后再用上述方法进行排序。选定的区域记录按指定顺序排列，其他的记录顺序不变。
- 恢复顺序。若要使经多次排序的数据表恢复到未排序前的状况，可以事先在数据表中增加一个名为"记录号"的字段，并依次输入记录号 1，2，…，然后对记录号进行多次升序或降序排列。

14. 筛选数据

筛选数据的方法有两种："自动筛选"和"高级筛选"。

构造筛选条件：

在数据表前插入若干空行作为条件区域，空行的个数以能容纳条件为限。根据条件在相应字段的上方输入字段名，并在刚输入的字段名下方输入筛选条件。用同样方法构造其他筛选条件。多个条件的"与""或"关系用如下方法实现。

"与"关系的条件必须出现在同一行。例如，表示条件"员工编号大于 1200 与工资大于 800"：

| 员工编号 | 工资 |
|---|---|
| >1200 | >800 |

"或"关系的条件不能出现在同一行。例如，表示条件"员工编号大于 1200 或工资大于 800"：

| 员工编号 | 工资 |
|---|---|
| >1200 | |
| | >800 |

15. 分类汇总

分类汇总是分析数据表的常用方法。例如，在工资表中要所有员工按部门平均工资，使用系统提供的分类汇总功能，很容易得到这样的统计表，为分析数据表提供极大的方便。

- 自动分类汇总
- 多字段分类汇总

## 二、热点解析与释疑

本章考查内容包括电子表格软件的相关概念和基本操作。考试类型如下：

【试题 1】EXCEL.XLSX 工作表内容如图 5-1 所示。

【文档开始】

图 5-1　工作表

【文档结束】

按要求对此工作表完成如下操作：

1．按图 5-1 内容新建 EXCEL.XLSX 工作表，把工作表 sheet1 的 A1:F1 单元格合并为一个单元格。

2．把表格内所有的数据内容水平居中。

3．计算"总计"列及"总计"行的内容。

4．把此工作表命名为"超市连锁店销售情况统计表"。

5．选取"超市连锁店销售情况统计表"的 A2:F6 单元格的内容建立"数据点折线图"，X 轴上的项为季度名称（系列产生在"行"），图表标题为"超市连锁店销售情况统计表"，将该图表插入到表 A9:E20 单元格区域内。

题目解答：

1．按图 5-1 输入表格内容，把工作表 sheet1 的 A1:F1 单元格选中，单击"格式"工具栏上的"合并及居中"按钮，将 A1:F1 单元格合并为一个单元格，如图 5-2 所示。

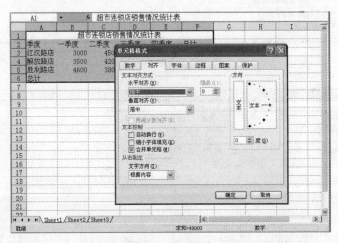

图 5-2　合并及居中

2．选中所有的单元格，单击鼠标右键选择"设置单元格格式"命令，弹出"单元格格式"对话框，切换到"对齐"选项卡，在其中设置"水平对齐"为"居中"，如图 5-3 所示。

图 5-3　水平对齐

3．选中 F3 单元格，在 F3 单元格中输入公式"=SUM(B3:E3)"，按 Enter 键。其他单元格采用相同方法，如图 5-4 和图 5-5 所示。

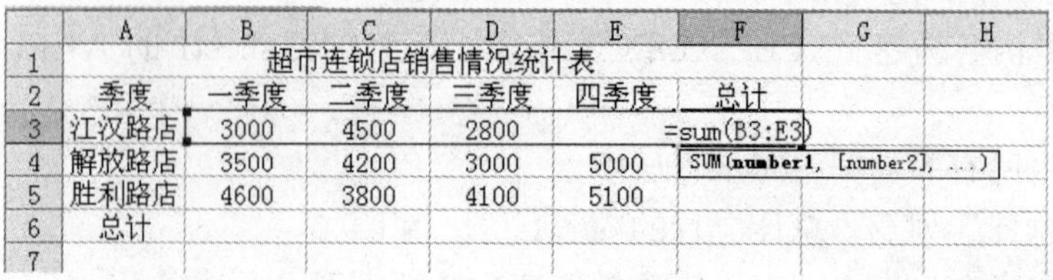

| | A | B | C | D | E | F | G | H |
|---|---|---|---|---|---|---|---|---|
| 1 | | | 超市连锁店销售情况统计表 | | | | | |
| 2 | 季度 | 一季度 | 二季度 | 三季度 | 四季度 | 总计 | | |
| 3 | 江汉路店 | 3000 | 4500 | 2800 | | =sum(B3:E3) | | |
| 4 | 解放路店 | 3500 | 4200 | 3000 | 5000 | SUM(**number1**, [number2], ...) | | |
| 5 | 胜利路店 | 4600 | 3800 | 4100 | 5100 | | | |
| 6 | 总计 | | | | | | | |
| 7 | | | | | | | | |

图 5-4　输入公式（1）

| | A | B | C | D | E | F |
|---|---|---|---|---|---|---|
| 1 | | | 超市连锁店销售情况统计表 | | | |
| 2 | 季度 | 一季度 | 二季度 | 三季度 | 四季度 | 总计 |
| 3 | 江汉路店 | 3000 | 4500 | 2800 | 5400 | 15700 |
| 4 | 解放路店 | 3500 | 4200 | 3000 | 5000 | 15700 |
| 5 | 胜利路店 | 4600 | 3800 | 4100 | 5100 | 17600 |
| 6 | | =sum(B3:B5) | | | | |
| 7 | | SUM(**number1**, [number2], ...) | | | | |
| 8 | | | | | | |

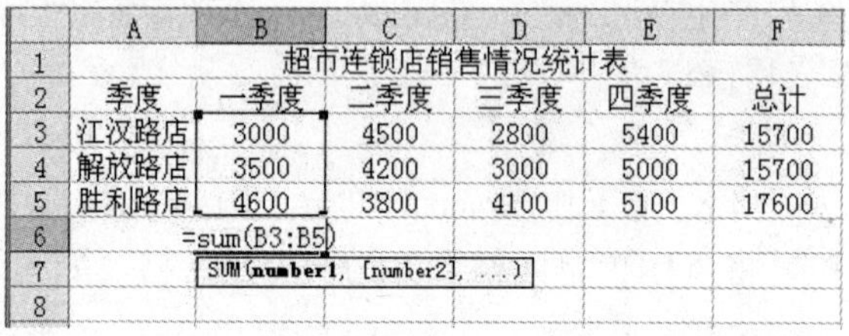

图 5-5　输入公式（2）

　　4. 用鼠标右键单击工作表标签 Sheet1，在弹出的快捷菜单中选择"重命名"命令（或直接双击工作表标签 Sheet1），输入"超市连锁店销售情况统计表"，按 Enter 键，如图 5-6 和图 5-7 所示。

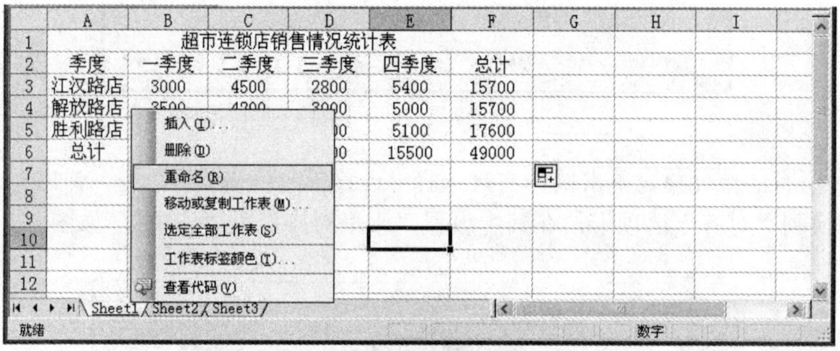

图 5-6　重命名（1）

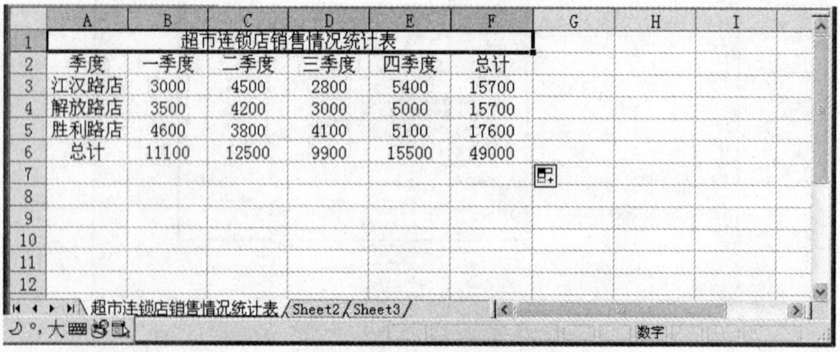

图 5-7　重命名（2）

5. 选取内容，单击工具栏上的"图表向导"按钮弹出"图表类型"对话框，在"标准类型"中选择"折线图"，单击"下一步"按钮。在"系列产生在"单选按钮中选择"行"，单击"下一步"按钮。在"标题"页中输入图表标题为"超市连锁店销售情况统计表"，在"数据标志"页中，单击"下一步"按钮。在"将图表"单选按钮中选择"作为其中的对象插入"，单击"完成"按钮。最后，调整到表 A9:E20 单元格区域内，如图 5-8、图 5-9 和图 5-10 所示。

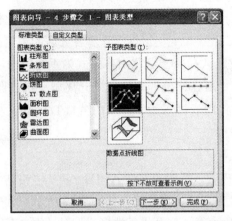

图 5-8　图表向导（1）

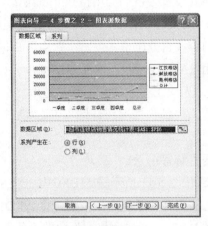

图 5-9　图表向导（2）

图 5-10　效果图

【试题 2】EXCEL2.XLSX 工作表内容如图 5-11 所示。

【文档开始】

| | A | B | C | D | E |
|---|---|---|---|---|---|
| 1 | 某汽车销售集团销售情况表 | | | | |
| 2 | 分店 | 销售量（辆） | 所占比例 | 销售量排名 | |
| 3 | 第一分店 | 20452 | | | |
| 4 | 第二分店 | 36202 | | | |
| 5 | 第三分店 | 32792 | | | |
| 6 | 第四分店 | 19756 | | | |
| 7 | 第五分店 | 20079 | | | |
| 8 | 第六分店 | 32000 | | | |
| 9 | 总计 | | | | |
| 10 | | | | | |

图 5-11　工作表内容

【文档结束】

按要求对此工作表完成如下操作：

1. 先按图 5-11 内容新建 EXCEL2.XLSX 工作表，合并 A1:D1 单元格区域，使内容水平居中；利用条件格式将销售量小于或等于 30000 的单元格字体设置为红色；将 A2:D9 单元格区域格式设置为自动套用格式"古典 2"，将工作表命名为"销售情况表"。

2. 对上述工作表进行计算，计算销售量的总计，置于 B9 单元格中；计算"所占比例"列的内容（百分比型，保留小数点后 2 位），置于 C3:C8 单元格区域；计算各分店的销售排名（利用 RANK 函数），置于 D3:D8 单元格区域；设置 A2:D9 单元格对齐方式为垂直居中。

3. 为该工作表建立图表，选取"分店"列和"所占比例"列建立"分离型三维饼图"，图标题为"销售情况统计图"，底部为图例位置，将图表插入到工作表的 A11:D21 单元格区域内。

题目解答：

1. 按图 5-11 所示输入 EXCEL2.XLSX 工作表内容，选中单元格 A1:D1，单击"格式"工具栏上的"合并及居中"按钮，将 A1:D1 单元格合并为一个单元格，如图 5-12 所示。选中数据区域 B3:B8，单击"格式"中的"条件格式"菜单命令，打开"条件格式"对话框，在"条件 1"的第一个下拉框中选择"单元格数值"，第二个下拉框中选择"小于或等于"，第三个下拉框中输入 30000。单击"格式"按钮，设置字体为"红色"，单击"确定"按钮，如图 5-13 所示。选中 A2:A9 单元格区域，单击"格式"中的"自动套用格式"，在弹出的"自动套用格式"对话框中，选中"古典 2"。右击工作表标签 Sheet1，在弹出的快捷菜单中选择"重命名"，输入"销售情况工作表"，如图 5-14、图 5-15 和图 5-16 所示。

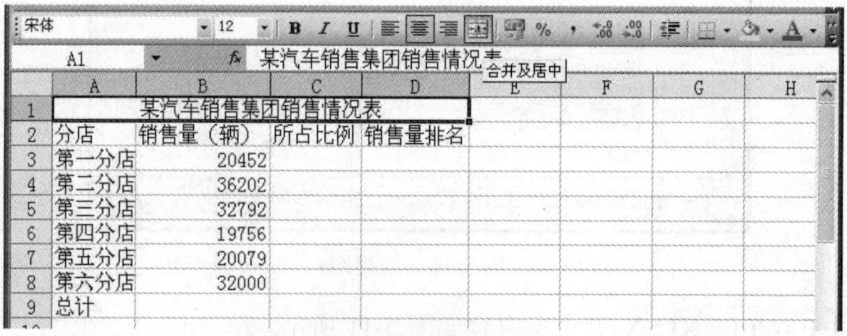

图 5-12　合并及居中

图 5-13　条件格式

| | A | B | C | D | E | F | G | H |
|---|---|---|---|---|---|---|---|---|
| 1 | | 某汽车销售集团销售情况表 | | | | | | |
| 2 | 分店 | 销售量（辆） | 所占比例 | 销售量排名 | | | | |
| 3 | 第一分店 | 20452 | | | | | | |
| 4 | 第二分店 | 36202 | | | | | | |
| 5 | 第三分店 | 32792 | | | | | | |
| 6 | 第四分店 | 19756 | | | | | | |
| 7 | 第五分店 | 20079 | | | | | | |
| 8 | 第六分店 | 32000 | | | | | | |
| 9 | 总计 | | | | | | | |
| 10 | | | | | | | | |
| 11 | | | | | | | | |

图 5-14　效果图

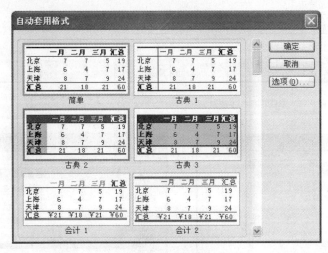

图 5-15　自动套用格式

| | A | B | C | D | E | F | G |
|---|---|---|---|---|---|---|---|
| 1 | | 某汽车销售集团销售情况表 | | | | | |
| 2 | 分店 | 销售量（辆） | 所占比例 | 销售量排名 | | | |
| 3 | 第一分店 | 20452 | | | | | |
| 4 | 第二分店 | 36202 | | | | | |
| 5 | 第三分店 | 32792 | | | | | |
| 6 | 第四分店 | 19756 | | | | | |
| 7 | 第五分店 | 20079 | | | | | |
| 8 | 第六分店 | 32000 | | | | | |
| 9 | 总计 | | | | | | |
| 10 | | | | | | | |
| 11 | | | | | | | |

图 5-16　效果图

2．选中 B3:B9 单元格，单击格式工具栏中的自动求和按钮 Σ ·。选中单元格 C3，输入 B3/B$9，按回车键，得出单元格 B3 的计算结果，当鼠标变成+时，单击鼠标左键拖动至单元格 C8。选择 C3:C8 单元格，单击右键"设置单元格格式"，在弹出的"单元格格式"对话框中单击"数字"选项，选择"分类"中的"百分比"，小数位数设置为 2，按"确定"按钮。选中单元格 D3，单击"插入"下拉框中的"函数"，弹出"插入函数"对话框，在"选择函数"列表中选择"RANK"函数，在"函数参数"对话框的 Number 框中输入 B3，在 Ref 框中输入

B3:B8，按回车键。单元格 D3 显示 B3 的排名情况，"销售量排名"列中的其他单元格操作方法与 D3 单元格相同。选中 A2:D9 单元格，单击右键"设置单元格格式"，在弹出的"单元格格式"对话框中单击"对齐"选项，选择"垂直对齐"下拉框中的"居中"，按"确定"按钮，如图 5-17 至图 5-21 所示。

图 5-17　设置格式

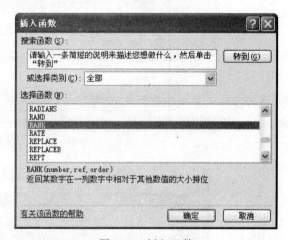

图 5-18　单元格格式（1）　　　　　　　　图 5-19　插入函数

图 5-20　效果图

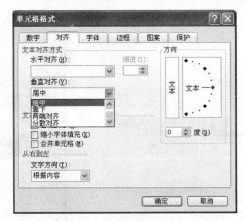

图 5-21　单元格格式（2）

3．选中"分店"列和"所占比例"列，单击工具栏上的"图表向导"按钮，弹出对话框。在"图表类型"中选择"分离型三维饼图"，单击"下一步"按钮，弹出"图表向导-4 步骤之 3-图表选项"对话框，在"标题"选项卡中输入图表标题为"销售情况统计图"（如图 5-23 所示）。切换到"图例"选项卡，在"位置"栏中选中"底部"，单击"下一步"按钮，弹出"图表向导-4 步骤之 4-图表位置"对话框，选中"作为其中的对象插入"使其成为"嵌入式图表"，单击"完成"按钮。最后，调整大小到表 A11:D21 单元格区域内，如图 5-22 至图 5-25 所示。

（a）

（b）

图 5-22　图表类型

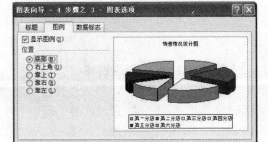

图 5-23　附表选项

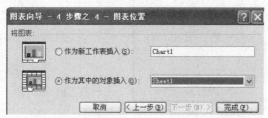

图 5-24　图标位置　　　　　　　　　　图 5-25　效果图

【试题 3】EXCEL3.XLSX 工作表内容如下，如图 5-26 所示。

【文档开始】

| | A | B | C | D | E | F | G | H |
|---|---|---|---|---|---|---|---|---|
| 1 | 某公司人员情况表 | | | | | | | |
| 2 | 序号 | 职工号 | 部门 | 性别 | 职称 | 学历 | 基本工资 | |
| 3 | 1 | D001 | 事业部 | 男 | 高工 | 本科 | 5000 | |
| 4 | 2 | D042 | 事业部 | 男 | 工程师 | 硕士 | 5500 | |
| 5 | 3 | D053 | 培训部 | 女 | 工程师 | 硕士 | 5000 | |
| 6 | 4 | D005 | 研发部 | 女 | 高工 | 本科 | 6000 | |
| 7 | 5 | D009 | 培训部 | 男 | 助工 | 本科 | 4000 | |
| 8 | 6 | D016 | 研发部 | 女 | 高工 | 硕士 | 6500 | |
| 9 | 7 | D092 | 销售部 | 男 | 工程师 | 本科 | 5000 | |
| 10 | 8 | D077 | 销售部 | 男 | 高工 | 本科 | 5000 | |
| 11 | 9 | D012 | 事业部 | 男 | 工程师 | 博士 | 8000 | |
| 12 | 10 | D036 | 研发部 | 男 | 工程师 | 硕士 | 7000 | |
| 13 | | | | | | | | |

图 5-26　工作表内容

【文档结束】

对此工作表完成如下操作：

1. 先按图 5-26 内容新建 EXCEL3.XLSX 工作表，按主要关键字"职称"的递增次序和次要关键字"部门"的递减次序进行排序，再对排序后的数据清单内容进行汇总，计算各职称基本工资的平均值（分类字段为"职称"，汇总方式为"平均值"，汇总项为"基本工资"），汇总结果显示在数据下方。

2. 对上述题目 1 项给出的清单完成以下操作，进行筛选，条件为：部门为销售部或研发部并且学历为硕士。

题目解答：

1. 按图 5-26 所示输入 EXCEL3.XLSX 工作表内容。

1）选中 A3:G12，单击"数据"→"排序"，弹出"排序"对话框，在"主要关键字"里选中"职称"，在"次要关键字"里选中"部门"，单击"确定"按钮，如图 5-27 和图 5-28 所示。

2）选中 A3:G12，单击"数据"→"分类汇总"，弹出"分类汇总"对话框，在"分类字段"里选中"职称"，在"汇总方式"里选中"平均值"，在"选定汇总项"里选中"基本工资"，在"汇总结果显示在数据下文"复选框前打钩，单击"确定"按钮，如图 5-29 和图 5-30 所示。

图 5-27　排序

图 5-28　排序效果图

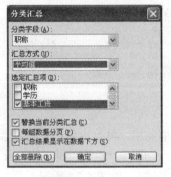

图 5-29　分类汇总

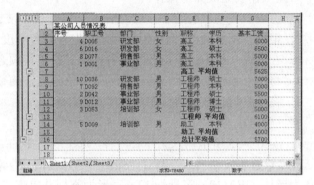

图 5-30　分类汇总效果

2．选中 A3:G12，单击"数据"→"筛选"→"自动筛选"，选择"自定义"命令，弹出"自定义自动筛选方式"对话框，在该对话框中进行如图 5-31 所示的选择，单击"确定"按钮，然后对"学历"列进行类似的操作，结果如图 5-32 所示。

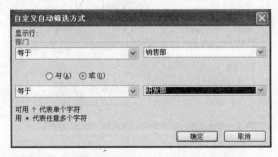

图 5-31　自定义自动筛选方式

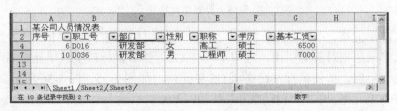

图 5-32　筛选结果

【试题 4】EXCEL4.XLSX 工作表内容如图 5-33 所示。

【文档开始】

| | A | B | C | D | E | F | G | H |
|---|---|---|---|---|---|---|---|---|
| 1 | 季度 | 日用品 | 服饰 | 首饰 | 电脑 | 家用电器 | 销售额 | |
| 2 | 第一季度 | 7214545 | 4541212 | 9421210 | 7854212 | 77521212 | | |
| 3 | 第二季度 | 7812453 | 454501.2 | 7878542 | 821214 | 12454571 | | |
| 4 | 第三季度 | 7212453 | 248596.6 | 4785455 | 7821247 | 7512454.5 | | |
| 5 | 第四季度 | 7512124 | 4545450 | 4889721 | 752123.4 | 4521752.5 | | |
| 6 | | | | | | | | |

Sheet1 / Sheet2 / Sheet3 /

图 5-33　工作表内容

【文档结束】

对此工作表完成如下操作：

1．将表中各字段名的字体设为楷体、字号 12、常规字形。

2．根据"销售额=各商品销售额之和"计算各季度的销售额。

3．在合计一行中计算出各季度各种商品的销售额之和。

4．将所有数据的显示格式设置为带千位分隔符的数值，保留两位小数。

5．将所有记录按销售额字段升序重新排列。

题目解答：

1．按图 5-33 所示输入工作表内容，选中表格中的 A1:F5 单元格，再单击鼠标右键从菜单中选择"设置单元格格式"命令，弹出"单元格格式"对话框，切换到"字体"选项卡。设置字体为楷体_GB2312，字号为 12，字形为常规并单击"确定"按钮，如图 5-34 所示。

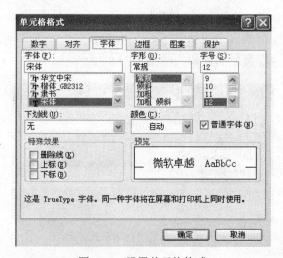

图 5-34　设置单元格格式

2．选中 G2 单元格，单击"自动求和"按钮，在编辑栏中输入=SUM(B2:F2)公式，按 Enter 键。其他单元格采用相对应的引用，选中单元格 G2，然后鼠标放至该单元格右下角，当鼠标指针变成黑色十字形，按住鼠标左键拖至 G5 单元格，如图 5-35、图 5-36 所示。

3．选中 B6 单元格，单击"自动求和"按钮，在编辑栏输入=SUM（B2:B5）公式，按 Enter 键。其他单元格采用相对应的引用，步骤同上，如图 5-37 所示。

| COUNT | ▾ × ✓ ƒx | =SUM(B2:F2) | | | | |
|---|---|---|---|---|---|---|
| | A | B | C | D | E | F | G |
| 1 | 季度 | 日用品 | 服饰 | 首饰 | 电脑 | 家用电器 | 销售额 |
| 2 | 第一季度 | 7214545 | 4541212 | 9421210 | 7854212 | 77521212 | =SUM(B2:F2) |
| 3 | 第二季度 | 7812453 | 454501.2 | 7878542 | 821214 | 12454571 | |
| 4 | 第三季度 | 7212453 | 248596.6 | 4785455 | 7821247 | 7512454.5 | |
| 5 | 第四季度 | 7512124 | 4545450 | 4889721 | 752123.4 | 4521752.5 | |

图 5-35　自动求和（1）

| G2 | ▾ | ƒx | =SUM(B2:F2) | | | |
|---|---|---|---|---|---|---|
| | A | B | C | D | E | F | G |
| 1 | 季度 | 日用品 | 服饰 | 首饰 | 电脑 | 家用电器 | 销售额 |
| 2 | 第一季度 | 7214545 | 4541212 | 9421210 | 7854212 | 77521212 | 106552391 |
| 3 | 第二季度 | 7812453 | 454501.2 | 7878542 | 821214 | 12454571 | 29421281 |
| 4 | 第三季度 | 7212453 | 248596.6 | 4785455 | 7821247 | 7512454.5 | 27580206 |
| 5 | 第四季度 | 7512124 | 4545450 | 4889721 | 752123.4 | 4521752.5 | 22221171 |
| 6 | | | | | | | |

图 5-36　求和结果

| COUNT | ▾ × ✓ ƒx | =SUM(B2:B5) | | | | |
|---|---|---|---|---|---|---|
| | A | B | C | D | E | F | G |
| 1 | 季度 | 日用品 | 服饰 | 首饰 | 电脑 | 家用电器 | 销售额 |
| 2 | 第一季度 | 7214545 | 4541212 | 9421210 | 7854212 | 77521212 | 106552391 |
| 3 | 第二季度 | 7812453 | 454501.2 | 7878542 | 821214 | 12454571 | 29421281 |
| 4 | 第三季度 | 7212453 | 248596.6 | 4785455 | 7821247 | 7512454.5 | 27580206 |
| 5 | 第四季度 | 7512124 | 4545450 | 4889721 | 752123.4 | 4521752.5 | 22221171 |
| 6 | | (B2:B5) | | | | | |

图 5-37　自动求和（2）

4．选中所有数据单元格，单击鼠标右键，在菜单中选择"设置单元格格式"命令，在弹出的对话框中单击"数字"标签，在分类中选择"数值"，并选中"使用千位分隔符"复选框，设定小数位数为两位，并单击"确定"按钮，如图 5-38 所示。

图 5-38　设置单元格格式

5．在菜单栏中选择"数据"→"排序"命令，在弹出的对话框中设置"主要关键字"

为"销售额"，并选择"升序"单选按钮，选中"有标题行"，单击"确定按钮"，如图 5-39 所示。

图 5-39　排序

【试题 5】EXCEL5.XLSX 工作表内容如图 5-40 所示。

【文档开始】

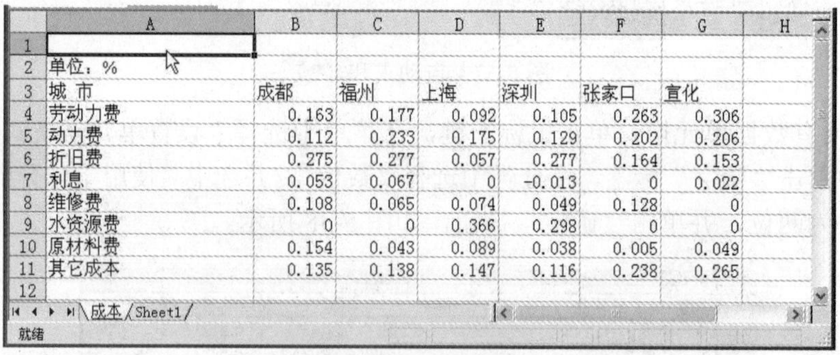

图 5-40　工作表内容

【文档结束】

按要求对此工作表完成如下操作：

按图 5-40 内容创建 EXCEL5.XLSX 工作表，按下列要求进行操作（除题目要求外，不得增加、删除、移动工作表中内容）。

1. 在"成本"工作表 A1 单元格中，输入标题"典型城市自来水成本构成"，设置其字体为黑体、加粗、20 号字，并设置其在 A 至 G 列范围跨列居中。

2. 在"成本"工作表中，设置表格中所有数值数据为百分比格式，1 位小数位。

3. 在"成本"工作表 A12 单元格中，输入"劳动力与动力费之和"，在 B12 到 G12 中用公式分别计算相应城市的劳动力与动力费之和。

4. 在"成本"工作表中，设置表格区域 A3:G12 外框线为双线，内框线为最细单线；

题目解答：

1. 按图 5-40 所示输入工作表内容，选中单元格 A1，单击鼠标右键，在菜单中选择"设置单元格格式"命令，在弹出的对话框中单击"字体"标签，设置其字体为"黑体"、字形选择"加粗"、字号为 20；再单击"对齐"标签，在"水平对齐"下拉框中选择"跨列居中"，如图 5-41、图 5-42 所示。

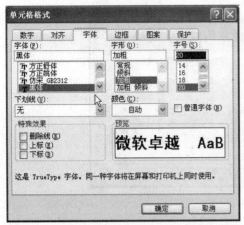 

图 5-41　单元格格式（1）　　　　　　　　　图 5-42　单元格格式（2）

2．选择 B4:G11 单元格，单击鼠标右键，在菜单中选择"设置单元格格式"命令，在弹出的对话框中单击"数字"标签，选择"分类"中的"百分比"，小数位数设置为 2，按"确定"按钮，如图 5-43 和图 5-44 所示。

图 5-43　设置单元格格式

| | A | B | C | D | E | F | G | H |
|---|---|---|---|---|---|---|---|---|
| 1 | | 典型城市自来水成本构成 | | | | | | |
| 2 | 单位：% | | | | | | | |
| 3 | 城 市 | 成都 | 福州 | 上海 | 深圳 | 张家口 | 宣化 | |
| 4 | 劳动力费 | 16.3% | 17.7% | 9.2% | 10.5% | 26.3% | 30.6% | |
| 5 | 动力费 | 11.2% | 23.3% | 17.5% | 12.9% | 20.2% | 20.6% | |
| 6 | 折旧费 | 27.5% | 27.7% | 5.7% | 27.7% | 16.4% | 15.3% | |
| 7 | 利息 | 5.3% | 6.7% | 0.0% | -1.3% | 0.0% | 2.2% | |
| 8 | 维修费 | 10.8% | 6.5% | 7.4% | 4.9% | 12.8% | 0.0% | |
| 9 | 水资源费 | 0.0% | 0.0% | 36.6% | 29.8% | 0.0% | 0.0% | |
| 10 | 原材料费 | 15.4% | 4.3% | 8.9% | 3.8% | 0.5% | 4.9% | |
| 11 | 其它成本 | 13.5% | 13.8% | 14.7% | 11.6% | 23.8% | 26.5% | |
| 12 | | | | | | | | |
| 13 | | | | | | | | |

图 5-44　设置单元格格式效果

3．单击单元格 A12，输入"劳动力与动力费之和"，再单击单元格 B12，输入公式"=sum(B4,B5)"。其他城市单元格求和步骤类似，如图 5-45 所示。

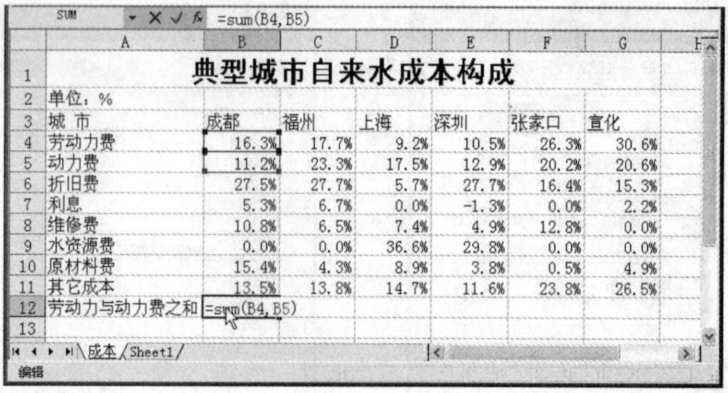

图 5-45　求和

4．选择 A3:G12 单元格，单击鼠标右键，在菜单中选择"设置单元格格式"命令，在弹出的对话框中单击"边框"标签。设置外边框线条：先选择线条样式为双线，再单击"外边框"标签。设置内部线条：先选择线条样式为最细单线，再单击"内部"标签，最后按"确定"按钮，如图 5-46 和图 5-47 所示。

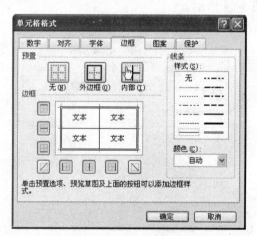

图 5-46　设置单元格格式

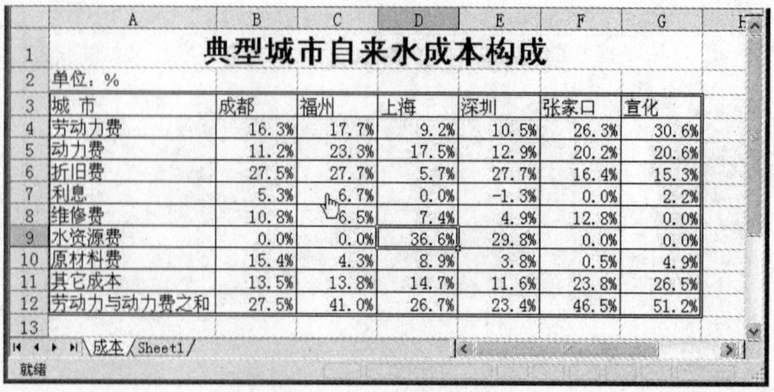

图 5-47　设置效果图

## 第三节　试题分析

**一、选择题**

1. Excel 2010 环境中，用来存储并处理工作表数据的文件，称为（　　）。
   A. 单元格　　　　　B. 工作区　　　　　C. 工作簿　　　　　D. 工作表

2. Excel 2010 可同时打开的工作簿数量（　　）。
   A. 256 个　　　　　　　　　　　　B. 任意多
   C. 512 个　　　　　　　　　　　　D. 受可用内存和系统资源的限制

3. Excel 2010 中处理并存储数据的基本工作单位叫（　　）。
   A. 工作簿　　　　　B. 工作表　　　　　C. 单元格　　　　　D. 活动单元格

4. 在 Excel 2010 的一个工作簿中，系统约定的工作表数是（　　）个。
   A. 8　　　　　　　B. 16　　　　　　C. 3　　　　　　D. 任意多

5. 在 Excel 2010 工作表中，可选择多个相邻或不相邻的单元格或单元格区域，其中活动单元格的数目是（　　）。
   A. 被选中的单元格数　B. 任意多
   C. 被选中的区域数　　D. 1 个单元格

6. 一个 Excel 2010 工作表的大小为 65536 行乘以（　　）列。
   A. 200　　　　　　B. 256　　　　　C. 300　　　　　D. 456

7. Excel 2010 的主要功能是（　　）。
   A. 电子表格、文字处理、数据库管理
   B. 电子表格、网络通信、图表处理
   C. 工作簿、工作表、单元格
   D. 电子表格、数据库管理、图表处理

8. 全选按钮位于 Excel 2010 窗口的（　　）。
   A. 工具栏中　　　　　　　　　　B. 左上角，行号和列标在此相汇
   C. 编辑栏中　　　　　　　　　　D. 底部状态栏中

9. Excel 2010 工作簿中既有一般工作表又有图表，当选择"文件"中的"保存文件"命令时，Excel 2010 将（　　）。
   A. 只保存其中的工作表　　　　B. 只保存其中的图表
   C. 工作表和图表保存到同一文件中　　D. 工作表和图表保存到不同文件中

10. 打开 Excel 2010 工作簿一般是指（　　）。
    A. 把工作簿内容从内存中读出并显示出来
    B. 为指定工作簿开设一个新的、空的文档窗口
    C. 把工作簿的内容从外存储器读入内存并显示出来
    D. 显示并打印指定工作簿的内容

11. 在 Excel 2010 的单元格内输入日期时，年、月、日分隔符可以是（　　）（不包括引号）。

A．"/" 或 "-"　　　　　　　　　　B．"." 或 "|"

C．"/" 或 "\"　　　　　　　　　　D．"\" 或 "-"

12．在 Excel 2010 中，当用户希望使标题位于表格中央时，可以使用对齐方式中的（　　　）。

A．置中　　　　B．合并及居中　　C．分散对齐　　D．填充

13．在 Excel 2010 中，若对某工作表重新命名，可采用（　　　）。

A．单击工作表选项卡　　　　　　B．双击工作表选项卡

C．单击表格标题栏　　D．双击表格标题栏

14．在 Excel 2010 中，不可作为数字描述使用的字符是（　　　）。

A．e 或 E　　　　B．%　　　　C．f 或 F　　　　D．/

15．在 Excel 2010 工作表单元格中输入合法的日期，下列输入中不正确的是（　　　）。

A．4/18/99　　　B．1999-4-18　　C．4,18,1999　　D．1999/4/18

16．在 Excel 2010 工作表单元格中输入字符型数据 5118，下列输入中正确的是（　　　）。

A．'5118　　　B．"5118　　　C．"5118"　　　D．'5118'

17．如果要在单元格中输入当前的日期，需按（　　　）组合键。

A．Ctrl+;（分号）　　　　　　　B．Ctrl+Enter

C．Ctrl+:（冒号）　　　　　　　D．Ctrl+Tab

18．如果要在单元格中输入当前的时间，需按（　　　）组合键。

A．Ctrl+Shift+;（分号）　　　　B．Ctrl+Shift+Enter

C．Ctrl+Shift+,（逗号）　　　　D．Ctrl+Shift+Tab

19．如果要在单元格中输入硬回车，需按（　　　）组合键。

A．Ctrl+Enter　　　　　　　　　B．Shift+Enter

C．Tab+Enter　　　　　　　　　D．Alt+Enter

20．设 A1 单元格中有公式=SUM(B2:D5)，在 C3 单元格插入一列，再删除一行，则 A1 中的公式变为（　　　）。

A．=SUM(B2:E4)　　　　　　　　B．=SUM(B2:E5)

C．SUM(B2:D3)　　　　　　　　　D．=SUM(B2:E3)

21．假定单元格内的数字为 2010，将其格式设定为 "#,##0.00"，则将显示为（　　　）。

A．2,002.00　　　B．2.002　　　C．2,002　　　D．2010.0

22．在 Excel 2010 中可同时在多个单元格中输入相同数据，此时首先选定需要输入数据的单元格（选定的单元格可以是相邻的，也可以是不相邻的），键入相应数据，然后按（　　　）键。

A．Enter　　　　　　　　　　　B．Ctrl+ Enter

C．Tab　　　　　　　　　　　　D．Ctrl+Tab

23．单元格 A1 的数值为 1，在 B1 输入公式：=IF(A1>0,"Yes","No")，结果 B1 为（　　　）。

A．Yes　　　　　B．No　　　　C．不确定　　　D．空白

24．某个 Excel 2010 工作表 C 列所有单元格的数据是利用 B 列相应单元格数据通过公式计算得到的，此时如果将 B 列删除，那么，删除 B 列操作对 C 列（　　　）。

A．不产生影响

B．产生影响，但 C 列中的数据正确无误

C．产生影响，C 列中数据部分能用

D. 产生影响，C 列中的数据失去意义

25．某个 Excel 2010 工作表 C 列所有单元格的数据是利用 B 列相应单元格数据通过公式计算得到的，在删除工作表 B 列之前，为确保 C 列数据正确，必须进行（　　）。

  A．C 列数据复制操作     B．C 列数据粘贴操作

  C．C 列数据替换操作     D．C 列数据选择性粘贴操作

26．若要设置口令来保护 Excel 2010 的工作簿，需在（　　）下拉菜单中选择"保护"命令。

  A．文件    B．编辑    C．插入    D．工具

27．单元格右上角有一个红色三角形，意味着该单元格（　　）。

  A．被插入批注  B．被选中   C．被保护   D．被关联

28．Excel 2010 中提供的图表大致可以分为嵌入图表和（　　）。

  A．柱形图图表      B．条形图图表

  C．折线图图表      D．图表工作表

29．关于创建图表，下列说法中错误的是（　　）。

  A．创建图表除了嵌入图表、图表工作表之外，还可手工绘制

  B．嵌入图表是将图表与数据同时置于一个工作表内

  C．图表工作表与数据分别安排在两个工作表中，故又称为图表工作表

  D．图表生成之后，可以对图表类型、图表元素等进行编辑

30．Excel 2010 提供的图表类型有标准型和（　　）。

  A．柱形图   B．自定义类型  C．条形图   D．折线图

31．Excel 2010 中的数据库属于（　　）数据模型。

  A．层次模型   B．网状模型   C．关系模型   D．结构化模型

32．在 Excel 2010 中创建嵌入图表，除了用工具栏中的"图表向导"外，还可使用（　　）。

  A．"默认图表"按钮 B．"图表"下拉菜单

  C．"数据"下拉菜单 D．"插入"下拉菜单

33．在 Excel 2010 中，对数据表做分类汇总前必须要先（　　）。

  A．按任意列排序     B．按分类列排序

  C．进行筛选操作     D．选中分类汇总数据

34．若要打印出工作表的网格线，应在"页面设置"对话框选择"工作表"选项卡，然后选中（　　）复选按钮。

  A．网格线       B．单色打印

  C．按草稿方式      D．行号列标

35．在 Excel 2010 中的某个单元格中输入文字，若要文字能自动换行，可利用"单元格格式"对话框的（　　）选项卡，选择"自动换行"。

  A．数字    B．对齐   C．图案   D．保护

36．在 Excel 2010 中，利用填充柄可以将数据复制到相邻单元格中，若选择含有数值的左右相邻的两个单元格，左键拖动填充柄，则数据将以（　　）填充。

  A．等差数列      B．等比数列

  C．左单元格数值     D．右单元格数值

37．在 Excel 2010 中，运算符&表示（　　）。

  A．逻辑值的与运算       B．了字符串的比较运算

  C．数值型数据的无符号相加    D．字符型数据的连接

38．在 Excel 2010 中，当公式中出现被零除的现象时，产生的错误值是（　　）。

  A．#N/A!     B．#DIV/0!     C．#NUM!     D．#VALUE!

39．在 Excel 2010 中，要在公式中使用某个单元格的数据时，应在公式中键入该单元格的（　　）。

  A．格式      B．附注      C．条件格式     D．名称

40．在 Excel 2010 公式复制时，为使公式中的（　　），必须使用绝对地址（引用）。

  A．单元格地址随新位置而变化    B．范围随新位置而变化

  C．范围不随新位置而变化     D．范围大小随新位置而变化

41．在 Excel 2010 的数据清单中，若根据某列数据对数据清单进行排序，可以利用工具栏上的"降序"按钮，下列操作不正确的是（　　）。

  A．选取该列数据      B．选取整个数据清单

  C．单击该列数据中任一单元格    D．单击数据清单中任一单元格

42．在 Excel 2010 数据清单中，按某一字段内容进行归类，并对每一类作出统计的操作是（　　）。

  A．分类排序       B．分类汇总

  C．筛选        D．记录单处理

43．在 Excel 2010 中，一张工作表也可以直接当数据库工作表使用，此时要求表中每一行为一个记录，且要求第一行为（　　）。

  A．该批数据的总标题     B．公式

  C．记录数据       D．字段名

44．Excel 2010 中，清除和删除的意义：（　　）。

  A．完全一样

  B．清除是指对选定的单元格和区域内的内容做清除，单元格依然存在；而删除则是将选定的单元格和单元格内的内容一并删除

  C．删除是指对选定的单元格和区域内的内容做清除，单元格依然存在；而清除则是将选定的单元格和单元格内的内容一并删除

  D．清除是指对选定的单元格和区域内的内容做清除，单元格的数据格式和附注保持不变；而删除则是将单元格、单元格数据格式和附注一并删除

45．在 Excel 2010 中，关于公式"Sheet2!A1+A2"表述正确的是（　　）。

  A．将工作表 sheet2 中 A1 单元格的数据与本表单元格 A2 中的数据相加

  B．将工作表 sheet2 中 A1 单元格的数据与单元格 A2 中的数据相加

  C．将工作表 sheet2 中 A1 单元格的数据与工作表 sheet2 中单元格 A2 中的数据相加

  D．将工作表中 A1 单元格的数据与单元格 A2 中的数据相加

46．在 Excel 2010 中，公式"=SUM(B2,C2:E3)"的含义是：（　　）。

  A．=B2+C2+C3+D2+D3+E2+E3    B．=B2+C2+E3

  C．=B2+C2+C3+E2+E3      D．=B2+C2+C3+D2+D3

47．在 Excel 2010 中，A5 单元格的值是 A3 单元格值与 A4 单元格值之和的负数，则公式可写为（　　）。

　　A．A3+A4　　　　B．A3-A4　　　　C．= A3+A4　　　　D．-A3+A4

48．在 Excel 2010 中，可以同时复制选定的数张工作表，方法是选定一个工作表，按下 Ctrl 键选定多个不相邻的工作表，然后放开 Ctrl 键将选定的工作表沿选项卡拖动到新位置，松开鼠标左键，如果选定的工作表并不相邻，那么复制的工作表（　　）。

　　A．仍会一起被插入到新位置　　　　B．不能一起被插入到新位置

　　C．只有一张工作表被插入到新位置　　D．出现错误信息

49．在 Excel 2010 中，公式"COUNT(C2:E3)"的含义是：（　　）。

　　A．计算区域 C2:E3 内数值的和　　　B．计算区域 C2:E3 内数值的个数

　　C．计算区域 C2:E3 内字符个数　　　D．计算区域 C2:E3 内数值为 0 的个数

50．Excel 2010 在升序排序时，如果我们由某一列来作排序，那么在该列上有完全相同项的行将（　　）。

　　A．保持它们的原始次序　　　　B．逆序排列

　　C．显示出错信息　　　　　　　D．排序命令被拒绝执行

51．在 Excel 2010 中，运算符的作用是（　　）。

　　A．用于指定对操作数或单元格引用数据执行何种运算

　　B．对数据进行分类

　　C．将数据的运算结果赋值

　　D．在公式中必须出现的符号，以便操作

52．在 Excel 2010 中，用鼠标拖拽复制数据和移动数据在操作上（　　）。

　　A．有所不同，区别是：复制数据时，要按住 Ctrl 键

　　B．完全一样

　　C．有所不同，区别是：移动数据时，要按住 Ctrl 键

　　D．有所不同，区别是：复制数据时，要按住 Shift 键

53．Excel 2010 工作表区域 A2:C4 中有（　　）个单元格。

　　A．3　　　　　　B．6　　　　　　C．9　　　　　　D．12

54．Excel 2010 拆分工作表的目的是（　　）。

　　A．把一个大的工作表分成两个或多个小的工作表

　　B．把工作表分成多个，以便于管理

　　C．使表的内容分开，分成明显的两部分

　　D．当工作表很大时，用户可以通过拆分工作表的方法看到工作表的不同部分

55．在 Excel 2010 中，单元格中文本数据默认的水平对齐方式为（　　）。

　　A．靠左对齐　　　B．靠右对齐　　　C．居中对齐　　　D．两端对齐

56．在 Excel 2010 升序中，排序列中有空白单元格的行会被（　　）。

　　A．不被排序　　　　　　　　B．保持原始次序

　　C．放置在排序的数据最前　　D．放置在排序的数据清单最后

57．在 Excel 2010 工作表中，当前单元格的填充柄在其（　　）。

　　A．左上角　　　　B．右上角　　　　C．左下角　　　　D．右下角

58．下列不属于 Excel 2010 基本功能的是（　　）。

  A．文字处理        B．强大的计算功能

  C．表格制作        D．丰富的图表和数据管理

59．在 Excel 2010 中，可通过（　　）菜单中的"单元格"选项来改变数字的格式。

  A．编辑    B．视图    C．格式    D．工具

60．建立 Excel 2010 图表后，可以对图表进行改进，在图表上不能进行的改进是（　　）。

  A．显示或隐藏 XY 轴的轴线

  B．改变图表各部分的比例，引起工作表数据的改变

  C．为图表加边框和背景

  D．为图表添加标题或为坐标轴加标题

61．在 Excel 2010 中，筛选后的清单仅显示那些包含了某一特定值或符合一组条件的行，而其他行（　　）。

  A．暂时隐藏        B．被删除

  C．被改变        D．暂时放在剪贴板上，以便恢复

62．在 Excel 2010 中，工作表和工作簿的关系是（　　）。

  A．工作表即是工作簿     B．工作簿中可包含多张工作表

  C．工作表中包含多个工作簿   D．两者无关

63．在 Excel 2010 默认建立的工作簿中，用户对工作表（　　）。

  A．可以增加或删除  B．不可以增加或删除

  C．只能增加       D．只能删除

64．在 Excel 2010 数据清单中，按某一字段内容进行归类，并对每一类作出统计的操作是（　　）。

  A．分类排序        B．分类汇总

  C．筛选         D．记录单处理

65．在 Excel 2010 中，利用填充柄可以将数据复制到相邻单元格中，若选择含有数值的左右相邻的两个单元格，左键拖动填充柄，则数据将以（　　）填充。

  A．等差数列        B．等比数列

  C．左单元格数值      D．右单元格数值

66．在 Excel 2010 中，要在公式中使用某个单元格的数据时，应在公式中键入该单元格的（　　）。

  A．格式    B．附注    C．条件格式   D．名称

67．在 Excel 2010 中的某个单元格中输入文字，若要文字能自动换行，可利用"单元格格式"对话框的（　　）选项卡，选择"自动换行"。

  A．数字    B．对齐    C．图案    D．保护

68．在 Excel 2010 数据清单中，若根据某列数据清单进行排序，可以利用工具栏上的"降序"按钮，此时用户应先（　　）。

  A．选取该列数据      B．选取整个数据清单

  C．单击该列数据中任一单元格  D．单击数据清单中任一单元格

69．Excel 2010 环境中，用来存储并处理工作表数据的文件称为（　　）。

A．单元格　　　　　B．工作区　　　　　C．工作簿　　　　　D．工作表

70．在 Excel 2010 中，设 E 列单元格存放工资总额，F 列用以存放实发工资。当工资总额 >800 时，实发工资=工资-(工资总额-800)×税率；当工资总额<=800 时，实发工资=工资总额。设税率=0.05，则 F 列可用公式实现。其中 F2 的公式应为（　　）。

A．=IF(E2>800,E2-(E2-800)*0.05,E2)

B．=IF(E2>800,E2,E2-(E2-800)*0.05)

C．=IF("E2>800",E2-(E2-800)*0.05,E2)

D．=IF("E2>800",E2,E2-(E2-800)*0.05)

71．在 Excel 2010 中，用 Shift 或 Ctrl 选择多个单元格后，活动单元格的数目是（　　）。

A．一个单元格　　　　　　　　B．所选的单元格总数

C．所选单元格的区域数　　　　D．用户自定义的个数

72．在 Excel 2010 中，函数可以成为其他函数的（　　）。

A．变量　　　　　B．常量　　　　　C．公式　　　　　D．参数

73．在 Excel 2010 工作簿中既有工作表又有图表，当执行"文件"菜单的"保存"命令时，则（　　）。

A．只保存工作表文件　　　　　B．只保存图表文件

C．分成两个文件来保存　　　　D．将工作表和图表作为一个文件来保存

74．在 Excel 2010 中，对工作表内容的操作就是针对具体（　　）的操作。

A．单元格　　　　　B．工作表　　　　　C．工作簿　　　　　D．数据

75．在 Excel 2010 中，设 A1 单元格内容为 2010-10-1，A2 单元格内容为 2，A3 单元格的内容为=A1+A2，则 A3 单元格显示的数据为（　　）。

A．2010-10-1B　　　　　　　　B．2010-12-1

C．2010-10-3　　　　　　　　D．2010-10-12

76．运算符用于对公式中的元素进行特定类型的运算。Excel 2010 包含四种类型的运算符：算术运算符、比较运算符、文本运算符和引用运算符。符号&属于（　　）。

A．算术运算符　　　　　　　　B．文本运算符

C．比较运算符　　　　　　　　D．引用运算符

77．如果单元格中输入内容以（　　）开始，Excel 2010 认为输入的是公式。

A．=　　　　　B．!　　　　　C．*　　　　　D．^

78．活动单元格的地址显示在（　　）内。

A．工具栏　　　　　B．状态栏　　　　　C．编辑栏　　　　　D．菜单栏

79．公式中表示绝对单元格地址时使用（　　）符号。

A．A*　　　　　B．$　　　　　C．#　　　　　D．都不对

80．当向一个单元格粘贴数据时，粘贴数据（　　）单元格中原有的数据。

A．取代　　　　　B．加到　　　　　C．减去　　　　　D．都不对

81．如果单元格的数太大显示不下时，一组（　　）显示在单元格内。

A．!　　　　　B．?　　　　　C．#　　　　　D．*

82．（　　）表示从 A5 到 F4 的单元格区域。

A．A5-F4　　　　　B．A5:F4　　　　　C．A5〉F4　　　　　D．都不对

83. （　　）可以作为函数的参数。

    A. 单元格　　　　　　B. 区域　　　　　　C. 数　　　　　　D. 都可以

84. Excel 2010 能对多达（　　）不同的字段进行排序。

    A. 2个　　　　　　　　B. 3个　　　　　　　C. 4个　　　　　　　D. 5个

85. 清单中的列被认为是数据库的（　　）。

    A. 字段　　　　　　　　B. 字段名　　　　　　C. 标题行　　　　　　D. 记录

86. 选择"自动筛选"命令后，在清单上的（　　）出现下拉式按钮图标。

    A. 字段名处　　　　　　　　　　　　B. 所有单元格内

    C. 空白单元格内　　　　　　　　　　D. 底部

87. 要在一个单元格中输入数据，这个单元格必须是（　　）。

    A. 空的　　　　　　　　　　　　　　B. 定义为数据类型

    C. 当前单元格　　　　　　　　　　　D. 行首单元格

## 二、参考答案

1. C　2. D　3. B　4. C　5. D　6. B　7. D　8. B

9. C　10. C　11. A　12. B　13. B　14. C　15. C　16. A

17. A　18. A　19. D　20. A　21. A　22. B　23. A　24. D

25. D　26. D　27. A　28. D　29. A　30. B　31. C　32. D

33. B　34. A　35. B　36. C　37. D　38. A　39. D　40. C

41. A　42. B　43. D　44. B　45. A　46. A　47. B　48. A

49. B　50. A　51. A　52. A　53. C　54. D　55. A　56. D

57. D　58. A　59. C　60. B　61. A　62. B　63. A　64. B

65. A　66. D　67. B　68. C　69. C　70. A　71. A　72. D

73. D　74. A　75. C　76. B　77. A　78. C　79. B　80. A

81. C　82. B　83. D　84. B　85. A　86. A　87. C

## 三、操作题

1. 将默认工作表更名为 My table，并在同一工作簿内复制 My table，名字换成 My table2。
解答提示：使用重命名命令，复习工作表操作。

2. 调整"操作"表中数据格式，包括边框的编辑以及单元格的合并，如图 5-48 所示。

| 1997-1998年东盟国家外债及外汇储备 | | | | | |
|---|---|---|---|---|---|
| 国家 | 外汇债务 | | | 外汇储备 | |
| | 1997 | 1998 | 债务总量 | 1997 | 1998 | 储备增量 |
| 印尼 | 1355.9 | 1559.3 | | 165.9 | 277.1 | |
| 马来西亚 | 427 | 398 | | 207.8 | 255.5 | |
| 菲律宾 | 443 | 462 | | 72.6 | 92.2 | |
| 泰国 | 934 | 861 | | 261.7 | 295.3 | |
| 新加坡 | 265 | 286 | | 713 | 749 | |

图 5-48　调整后的表格格式

解答提示：使用格式、单元格，复习网格线与边框和单元格格式。

3．尝试在 Excel 2010 工作表中输入信息，如图 5-49 所示。

| 值日表 | | | | | |
|---|---|---|---|---|---|
| 时间 | 星期一 | 星期二 | 星期三 | 星期四 | 星期五 |
| 学号 | 305001 | 305002 | 305003 | 305004 | 305005 |

图 5-49　工作表

解答提示：使用自动填充，复习三种类型的数据输入操作。

4．将收入的数据格式设为货币样式，货币符为\$，千分位分隔样式，保留两位小数，如图 5-50 所示。

| 984316.12 | \$984,316.12 |
|---|---|
| 41315.59 | \$41,315.59 |
| 574643.87 | \$574,643.87 |

图 5-50　输入数据

解答提示：复习数字显示格式。

5．在"材料名称"前加一列，命名为"材料规格"，在"铜板"下加一行，命名为"稀土"，并修改材料序号，如图 5-51 所示。

| | 材料名称 | 数量 | 单价（元） |
|---|---|---|---|
| 1 | 方钢 | 400 | 1.4 |
| 2 | 圆钢 | 300 | 1.5 |
| 3 | 铜板 | 400 | 1.7 |
| 4 | 黄铜 | 100 | 3.2 |
| 5 | 紫铜 | 600 | 3.5 |
| 6 | 铝 | 1000 | 2.3 |
| 7 | 铁 | 2300 | 0.9 |
| 8 | 铅 | 200 | 5 |
| 9 | 铅合金 | 1400 | 2.1 |

图 5-51　材料表

解答提示：复习单元格操作。

6．尝试设置打印格式，使默认为需要打印 4 页半的数据能在 4 页中完全打印，并且每一页都含有标题行。

解答提示：复习第 4 章 Word 打印部分。

7．根据 A1—A3 单元格的数据，向下填充一个 30 个数字的等比数列，如图 5-52 所示。

| 3 |
|---|
| 6 |
| 12 |

图 5-52　等比数列

解答提示：复习智能填充数据。

8．将用公式计算出来的数字复制到另一个表中并保证数据格式不变，如图 5-53 所示。

解答提示：复习单元格操作和数字显示格式。

9. 对工作簿文件，在 B5 单元格中利用 RIGHT 函数取 C4 单元格中字符串的右 3 位；利用 TM 函数求出门牌号为 101 的电费的整数值，其结果置于 C5 单元格，如图 5-54 所示。

| | G | H | I | J | K |
|---|---|---|---|---|---|
| K5 | | | = | =(G5-D5)/D5 | |
| | 04年招收新生总数 | 两年共招收公费生 | 两年共招收自费生 | 两年共招收新生总数 | 招生总数增长率 |
| | 276 | 370 | 110 | 480 | 35.3% |
| | 240 | 360 | 68 | 428 | 27.7% |
| | 208 | 264 | 65 | 329 | 71.9% |
| | 190 | 271 | 71 | 342 | 25.0% |
| | 241 | 358 | 62 | 420 | 34.6% |
| | 110 | 200 | 5 | 205 | 15.8% |
| | 190 | 267 | 67 | 334 | 31.9% |
| | 90 | 117 | 35 | 152 | 45.2% |
| | 1545 | 2207 | 483 | 2690 | 34.9% |

图 5-53　复制数据

| | A | B | C | D |
|---|---|---|---|---|
| 1 | 门牌号 | 水费 | 电费 | 煤气费 |
| 2 | 101 | 71.2 | 102.1 | 12.3 |
| 3 | 201 | 68.5 | 175.5 | 32.5 |
| 4 | 301 | 68.4 | 312.4 | 45.2 |
| 5 | | | | |

图 5-54　一个工作簿

解答提示：复习函数和数字显示格式

10. 根据如图 5-55 所示表格，完成以下题目。

| | A | B | C | D | E | F | G |
|---|---|---|---|---|---|---|---|
| 1 | | | | | | | |
| 2 | 学号 | 姓名 | 性别 | 英语 | 数学 | 语文 | 总分 |
| 3 | | 李兰 | 女 | 86 | 85 | 74 | |
| 4 | | 李山 | 男 | 80 | 90 | 75 | |
| 5 | | 蒋宏 | 男 | 76 | 70 | 83 | |
| 6 | | 张文峰 | 男 | 58 | 84 | 71 | |
| 7 | | 黄霞 | 女 | 46 | 83 | 74 | |
| 8 | | 杨芸 | 女 | 68 | 83 | 70 | |
| 9 | | 赵小红 | 女 | 85 | 86 | 75 | |
| 10 | | 黄河 | 男 | 57 | 52 | 85 | |
| 11 | | | 平均分 | | | | |
| 12 | | | | | | | |

图 5-55　学生成绩表

利用公式复制的方法，将工作表 Sheet2 的每行总分栏设置为每个学生三门功课分数之和、每列平均分栏设置为每门课程的平均分，在单元格 G12 利用公式求出总分最高分。

解答提示：复习复制公式和函数。

11. 用 Excel 2010 生成九九乘法表，如图 5-56 所示。

| | A | B | C | D | E | F | G | H | I | J |
|---|---|---|---|---|---|---|---|---|---|---|
| 1 | | 1 | 2 | 3 | 4 | 5 | 6 | 7 | 8 | 9 |
| 2 | 1 | 1X1=1 | | | | | | | | |
| 3 | 2 | 2X1=2 | 2X2=4 | | | | | | | |
| 4 | 3 | 3X1=3 | 3X2=6 | 3X3=9 | | | | | | |
| 5 | 4 | 4X1=4 | 4X2=8 | 4X3=12 | 4X4=16 | | | | | |
| 6 | 5 | 5X1=5 | 5X2=10 | 5X3=15 | 5X4=20 | 5X5=25 | | | | |
| 7 | 6 | 6X1=6 | 6X2=12 | 6X3=18 | 6X4=24 | 6X5=30 | 6X6=36 | | | |
| 8 | 7 | 7X1=7 | 7X2=14 | 7X3=21 | 7X4=28 | 7X5=35 | 7X6=42 | 7X7=49 | | |
| 9 | 8 | 8X1=8 | 8X2=16 | 8X3=24 | 8X4=32 | 8X5=40 | 8X6=48 | 8X7=56 | 8X8=64 | |
| 10 | 9 | 9X1=9 | 9X2=18 | 9X3=27 | 9X4=36 | 9X5=45 | 9X6=54 | 9X7=63 | 9X8=72 | 9X9=81 |

图 5-56　九九乘法表

解答提示：复习复制公式和函数。

12. 对工作簿完成"总评"的统计，总评的计算方法为：平时、期中成绩各占 30%，期末成绩占 40%，如图 5-57 所示。

解答提示：复习输入公式。

余数函数：MOD 函数，如图 5-58 所示。

| | A | B | C | D | E |
|---|---|---|---|---|---|
| 1 | | | 学生成绩表 | | |
| 2 | 姓名 | 平时 | 期中 | 期末 | 总评 |
| 3 | 王小平 | 80 | 87 | 90 | 86.1 |
| 4 | 陈晓东 | 96 | 93 | 96 | 95.1 |
| 5 | 陈明 | 76 | 65 | 76 | 72.7 |
| 6 | 何伟东 | 95 | 86 | 90 | 90.3 |
| 7 | 吴小东 | 63 | 70 | 70 | 67.9 |
| 8 | 优秀人数 | | | | |
| 9 | 优秀率 | | | | |
| 10 | | | 总评平均 | | |

图 5-57　学生成绩表

图 5-58　MOD 函数

四舍五入函数：ROUND 函数，如图 5-59 所示。

| | A | B | C | D |
|---|---|---|---|---|
| 1 | 数值 | 公式 | 结果 | |
| 2 | 8.259 | = ROUND (A2, 0) | 8 | |
| 3 | | = ROUND (A2, 1) | 8.3 | |
| 4 | | = ROUND (A2, -1) | 10 | |
| 5 | | = ROUND (A2, 2) | 8.26 | |
| 6 | | = ROUND (A2, -2) | 0 | |
| 7 | | | | |
| 8 | | | | |

图 5-59　ROUND 函数

查找函数，见表 5-20。

表 5-20　查找函数

| 函数 | 说明 |
|---|---|
| CHOOSE | 根据提供为参数的一个列表值（最多 29 个）返回指定的值 |
| HLOOKUP | 水平查找，在表格的顶行中查找一个值，并在该表格的指定行的相应列表中返回一个值 |
| INDEX | 返回一个表格或范围中的一个值（或者对这个值的应用） |
| LOOKUP | 从一个行范围或一个列范围中返回一个值。KOOKUP 函数的另一种形式类似于 VLOOKUP，但只能从范围的最后一列中返回一个值 |
| MATCH | 返回范围中与某个指定值匹配的项的相对位置 |
| OFFSET | 返回一个范围的引用，它是单元格或单元格范围中的指定行和列的编号 |
| VLOOKUP | 垂直查找。查找表格第一列中的某个值并在该表格的指定列的相应行中返回一个值 |

# 第四节　素质拓展

## 一、Excel 2010 中用自动运行宏提高工作效率

在日常工作中，经常需要在每次打开同一个 Excel 2010 文件时都进行一些例行的操作，如改变表格的格式、更新报表日期、打印文件、对工作表进行保护或取消保护等。Excel 2010 的自动运行宏 Auto_Open 可在文件打开后立即完成这些例行的操作任务，既快速又准确。

假设在 Excel 2010 文件的工作表 Sheet1 中有一个"销售日报表"，在这个文件中建立一个 Auto_Open 宏，让它在文件打开后自动完成下面任务：

- 取消工作表保护
- 把"当日销售"列里的数据值复制到"上日销售"一列
- 将日期增加一天
- 恢复工作表保护

具体作法如下：

1. 在"工具"菜单上选择"宏"子菜单，打开"宏"对话框，在"宏名"一栏里键入 Auto_Open，再单击下面的"新建"按钮，进入宏编辑状态。注意不要把宏名字输错了，否则宏不会自动执行。

2. 在宏编辑状态下，把下面 VBA（Visual Basic for Application）语句输入到 Auto_Open 下面。

```
Sub Auto_Open()
Sheets("Sheet1").Activate
'取消工作表保护
ACTIVESHEET.UNPROTECT      '将当日销售值复制到上日销售一栏
x = MSGBOX("把当日销售值复制到上日销售栏吗？", VBYESNO)
If x = vb yes Then
Range("B5:B8").Copy
Range("C5").Select
Selection.Past Especial Paste:=XLVBUES    Application.CUTCOPYMODE = False
End If
'将日期增加一天
x = MSGBOX "把日期增加一天吗？",VBYESNO)
If x = VBYESTHEN
Range("C2")= Range("C2")+ 1
End If
'重新保护工作表
Active Sheet.Protect
End Sub
```

将文件保存并关闭。重新打开此文件，体验一下 Auto_Open 宏是如何为你工作的吧。

如果想用 Auto_Open 完成其他的操作而又不知道如何用 VBA 语句直接建立宏，Excel 2010 的录制宏的功能可以帮助你，但是别忘了把所录制的宏取名为 Auto_Open。关于录制宏的方法请参阅一般的 Excel 2010 功能手册。

## 二、Excel 2010 网络集成

### 1. Web 数据共享

Excel 2010 可以从网页中导入数据进行分析。只须选择"数据"→"导入外部数据"→"导入数据",在"选取数据源"对话框中找到 Web 页,单击"打开"按钮就可以将其导入 Excel 2010。当进行过一次数据导入后,用鼠标右键单击打开的网页,可以看到快捷菜单中增添了"导出到 Microsoft Excel 2010"命令。如果希望从远程数据源导入数据,则应使用"数据连接向导",它可以从 Microsoft SQL Server、开放式数据库连接(ODBC)以及联机分析处理(OLAP)等数据源中查找并导入数据。

此外,Excel 2010 可以直接粘贴 Word 7 表格,从而共享其中的数据,进一步扩大了两者协同工作的范围。

### 2. E-mail 功能

Excel 2010 的"常用"工具栏带有一个"电子邮件"按钮。单击它可以在当前窗口显示一个邮件发送工具栏,其界面与 Outlook Express 很相似,只要输入收件人的 E-mail 地址和主题等就可以将文件以附件或正文的形式发送出去。作为正文发送时,只须填写对方的 E-mail 地址,并在"主题"栏内进行简单介绍,然后单击"发送该工作表"按钮(如果选中了工作表中的部分区域,该按钮变成"发送所选区域")即可。当其他用户收到邮件后,可以直接对正文进行编辑修改,处理完毕后用同样方法将文件发给你。单击"附加文件按钮",可以打开"插入附件"对话框,像 Outlook Express 那样插入并发送附件。

### 3. 网页保存和预览

Excel 2010 "文件"菜单下有一条"保存为 Web 页"命令,用户可以选择将工作簿或当前工作表保存为 Web 页(HTML、XML),还可以在工作表中添加交互功能。

Excel 2010 内建了网页浏览功能,如果你想将工作表发布到网上,只要执行"文件"菜单下的"Web 页预览"命令,Excel 2010 就会自动调用 IE 打开工作表。

# 第六章　PowerPoint 2010 应用与实践

## 第一节　学习大纲

### 一、学习目的和基本要求

通过本章的学习使学生掌握电子演示文稿制作软件的功能和使用。

- 理解 PowerPoint 2010 的基本知识。
- 学会启动和退出 PowerPoint 2010。
- 了解 PowerPoint 2010 窗口组成和工具栏。
- 掌握 PowerPoint 2010 创建、保存、放映电子演示文稿的基本操作。
- 掌握制作编辑幻灯片的一般方法。
- 掌握在幻灯片中插入对象的一般方法。
- 掌握放映幻灯片的方法。
- 了解幻灯片的打包方法。
- 了解打印电子演示文稿的方法。

### 二、主要内容

（1）PowerPoint 2010 概述

（2）PowerPoint 2010 的启动和退出

1）启动 PowerPoint 2010。

2）退出 PowerPoint 2010。

（3）PowerPoint 2010 的窗口组成

PowerPoint 2010 的工作界面由 ribbon 菜单等构成。

（4）PowerPoint 2010 的视图模式

PowerPoint 2010 为用户提供了多种视图模式，视图模式为"文稿"工作区的不同界面，包括普通视图、幻灯片浏览视图、阅读视图以及备注页视图 4 种模式。

（5）创建和编辑演示文稿

1）创建和保存演示文稿。

创建演示文稿就是建立演示文稿的制作平台，有了演示文稿的制作平台就可以编辑演示文稿。

2）标题幻灯片的制作。

打开"标题幻灯片"页，单击"单击此处添加标题"占位符，输入标题字符，利用格式工具栏上的按钮设置好相关要素。

在"标题幻灯片"页，单击"单击此处添加副标题"占位符，输入副标题字符，利用格式工具栏上的按钮设置好副标题的相关要素。

3）在幻灯片中插入多媒体对象。

- 插入艺术字。选择"插入"→"图片"→"艺术字菜单"命令，或者直接单击"插入艺术字"按钮，出现"艺术字库"对话框，选好艺术字后单击"确定"按钮。
- 插入剪贴画。选择"插入"→"新幻灯片"菜单命令，打开幻灯片版式任务窗格，选择一个含有内容的版式，单击"插入剪贴画"图标，出现"选择图片"对话框，选择其中一个剪贴画，单击"确定"即可。
- 插入图片。选择"插入"→"图片"→"来自文件"菜单命令，打开"插入图片"对话框，选定需要的图片，单击"插入"按钮即可将图片插入到幻灯片中。
- 插入 Excel 和 Word 中的表格和图表。
- 插入影片和声音。选择"插入"→"影片和声音"菜单命令，选定要插入剪辑的区域，打开"插入影片"对话框，选择所需的影片或声音文件，单击"插入"按钮。

4）幻灯片的操作

幻灯片的操作就是对幻灯片进行诸如选择、移动、复制、插入、删除等操作。这种操作在普通视图的幻灯片窗格和阅读视图中进行。

# 第二节　重点解疑

## 一、重点和难点

（1）演示文稿外观设计

1）使用设计模板设置。

2）使用配色方案设置。

3）用母版设置。

4）置换灯片背景。

（2）演示文稿的放映

1）设置动画效果。

PowerPoint 2010 提供的动画方案功能，使演示文稿看起来更加生动，更易于引起观众的注意。

- 预设动画方案。
- 自定义动画。

2）设置演示文稿的切换方式。

演示文稿切换是指当一个幻灯片显示完毕，开始显示下一张幻灯片。用户可以设置幻灯片的切换效果，使幻灯片以多种不同的方式显示在屏幕上。

3）插入超链接和添加动作按钮。

动作按钮是一些能用于放映幻灯片的提示图形按钮。插入超链接的对象可以是任何对象，如文本、图形、声音等。

4）插入"声音和影片"。

- 插入声音多媒体。选择"插入"→"影片和声音"→"文件中的声音"菜单命令，打开"插入声音"对话框，选定相应的声音文件，单击"确定"按钮返回。

● 插入视频剪辑。选择"插入"→"影片和声音"→"剪辑管理器"中的"影片"菜单
命令，打开剪贴画任务窗格，单击任务窗格中要插入的影片，选择需要播放的方式。

5）放映演示文稿。

● 启动幻灯片放映的操作方法有以下三种：

选择"视图"→"幻灯片放映"菜单命令；选择"幻灯片放映"→"观看放映"菜单命令；按 F5 键。

● 播放打包的演示文稿。选择"文件"→"打包成 CD"菜单命令，弹出打包成 CD 对话框，进行相应的设置。

## 二、考点

● 电子表格的基本概念、功能、运行环境和启动与退出。
● 工作簿和工作表的基本概念与操作。
● 单元格的绝对地址和相对地址的概念、公式的应用。
● 图表的创建和格式设置。

## 三、热点解析与释疑

本章考察内容包括 PowerPoint 2010 的功能、运行环境、启动和退出以及演示文稿软件的相关操作。考试类型如下：

按要求输入幻灯片内容，完成下面操作。

（1）将第一张幻灯片的标题设置为 54 磅、加粗。第二张幻灯片版式改为"垂直排列标题与文本"，在第二张幻灯片的备注区输入"最近上海十几个新建小区用上了分质供水。"将第二张幻灯片移动为演示文稿的第三张幻灯片。插入新幻灯片，作为最后一张幻灯片，版式为"标题和内容"，标题输入"美苑花园"，在内容区插入剪贴画 buildings、homes、houses、lakes。剪贴画的动画效果分别设置为进入、旋转、水平、慢速。

（2）将所有幻灯片的背景纹理设置为"水滴"，切换效果为"中央向上下展开"。

完成上题时学生应先按要求输入幻灯片内容，然后按要求分步骤做出相应设置。

步骤 1：选定将要设置的文字，直接在"开始"菜单中找到与格式命令有关的对话框，直接设置即可。

步骤 2：对字体、字形、字号、颜色、下划线、上标、下标和阴影等进行设置，设置完成后单击"确定"按钮。

## 第三节 试题分析

### 一、选择题

1. 设置幻灯片的切换方式，可以选择菜单中的（ ）命令来进行。
   A. 格式　　　　　　B. 工具　　　　C. 编辑　　　　D. 切换
2. 要实现幻灯片之间的跳转，可采用的方法是（ ）。

A．设置预设动画　　　　　　　　B．设置自定义动画

C．设置幻灯片切换方式　　　　　D．设置超链接

3．在 PowerPoint 2010 中，取消幻灯片中的对象的动画效果可通过执行（　　）命令来实现。

A．动画菜单中的动画窗格　　　　B．动画菜单中的动作设置

C．动画菜单中的预设动画　　　　D．动画菜单中的动作按钮

4．"幻灯片切换"对话框中换页方式有自动换页和手动换页，以下叙述中正确的是（　　）。

A．同时选择"单击鼠标时"和"设置自动换片时间"两种换页方式，但"单击鼠标换页"方式不起作用

B．可以同时选择"单击鼠标时"和"设置自动换片时间"两种换页方式，并以自动换片方式为主

C．可以同时选择"单击鼠标时"和"设置自动换片时间"两种换页方式，以单击鼠标方式为主

D．不允许在"单击鼠标时"和"设置自动换片时间"两种换页方式中什么也不选

5．在 PowerPoint 2010 中，若要想观看全部幻灯片的播放效果，可采用的方法是（　　）。

A．切换到阅读视图　　　　　　　B．打印预览

C．切换到幻灯片放映视图　　　　D．分页预览

6．在阅读视图下打开"放映控制"菜单，以下操作中正确的是（　　）。

A．用鼠标右键单击"放映控制"按钮

B．用鼠标左键单击"放映控制"按钮或右键单击屏幕其他部分

C．没有"放映控制"按钮

D．单击屏幕上除"放映控制"按钮外的任意位置

7．对于演示文稿中不准备放映的幻灯片可以用（　　）菜单中的"隐藏幻灯片"命令隐藏。

A．工具　　　　　B．视图　　　　　C．幻灯片放映　　　D．编辑

8．要使幻灯片在放映时能够自动播放，需要为其设置（　　）。

A．超级链接　　　B．动作按钮　　　C．录制旁白　　　D．排练计时

9．在计算机上放映演示文稿，操作正确的是（　　）。

A．单击"视图"工具栏中的"幻灯片放映"按钮

B．执行"幻灯片放映"菜单中的"从头开始"命令

C．执行"幻灯片放映"菜单中的"设置放映方式"命令

D．执行"幻灯片放映"菜单中的"自定义放映"命令

10．幻灯片背景在（　　）里设置。

A．格式　　　　　B．切换　　　　　C．动画　　　　　D．设计

11．执行"幻灯片放映"菜单中的"排练计时"命令对幻灯片定时切换后，又执行了"幻灯片放映"菜单中的"设置放映方式"命令，并在该对话框的"换片方式"选项组中选择"手动"选项，则下面叙述中不正确的是（　　）。

A．放映幻灯片时，单击鼠标换片

B．放映幻灯片时，单击"弹出菜单按钮"，选择"下一张"命令进行换片

C．放映幻灯片时，单击鼠标右键弹出快捷菜单，选择"下一张"命令进行换片

D．幻灯片仍然单击"排练计时"设定的时间进行换片

12．在使用 PowerPoint 2010 打印演示文稿时，每页打印纸上最多能输出（　　）张幻灯片。

A．8　　　　　　　　B．9　　　　　　　　C．4　　　　　　　　D．2

13．在 PowerPoint 2010 中，若需将幻灯片从打印机输出，可以采用下列（　　）组合键方法。

A．Shift+P　　　　　B．Tab+P　　　　　C．Ctrl+P　　　　　D．Alt+P

14．在 PowerPoint 2010 中，以下选项中（　　）不是合法的"打印内容"选项。

A．备注页　　　　　B．大纲　　　　　C．幻灯片　　　　　D．幻灯片浏览

15．在 PowerPoint 2010 中，设置每张纸打印三张幻灯片，打印的结果是幻灯片按（　　）的方式排列。

A．上一张，下二张

B．从上到下顺序放置在居中

C．从上到下顺序放置在左侧，右侧留下适当的空间

D．从上到下顺序放置在右侧，左侧留下适当的空间

16．以下有关使用"打包文件"的叙述中，错误的是（　　）。

A．打包文件存放在若干张软盘上，解包时必须按原软盘的顺序展开

B．打包文件必须经过"解包"后才能对演示文件进行操作

C．打包文件必须在 PowerPoint 2010 环境解包

D．展开打包演示文稿，必须运行 Pngsetup.exe 文件

17．以下关于演示文稿打包的解释中不正确的是（　　）。

A．演示文件的打包，是将演示文件压缩，使用时还需解包

B．打包时可将与演示文件相关的文件一起打包

C．演示文件的打包与复制演示文件都是复制演示文件

D．演示文件打包后，可以在没有安装 PowerPoint 2010 软件的计算机上放映

18．下列说法中，不正确的一项是（　　）。

A．在 PowerPoint 2010 的窗口中，当前活动窗口只有一个

B．PowerPoint 2010 演示文稿的打包指的就是利用压缩软件将演示文稿进行压缩

C．PowerPoint 2010 提供了普通视图幻灯片、备注页视图、幻灯片浏览视图、大纲视图和幻灯片放映共 6 种视图模式

D．演示文稿中每张幻灯片都是基于某种母版创建的

19．在 PowerPoint 2010 中，下列说法错误的是（　　）。

A．可以在幻灯片浏览视图中更改某张幻灯片上动画对象的出现顺序

B．可以在普通视图中设置动态显示文本和对象

C．可以在浏览视图中设置幻灯片切换效果

D．可以在普通视图中设置幻灯片切换效果

20．在 PowerPoint 2010 中，下列有关插入多媒体内容的说法，错误的是（　　）。

A．可以插入声音（如掌声）

B．可以插入音乐（如 CD 乐曲）

C．可以插入影片

D．插入多媒体内容后，放映时只能自动放映，不能手动放映

21. 在 PowerPoint 2010 中，下列有关复制幻灯片的说法，错误的是（    ）。

    A. 可以在演示文稿内使用幻灯片副本

    B. 可以使用"复制"和"粘贴"命令

    C. 可以在浏览视图中按住 Ctrl 键并拖动幻灯片

    D. 可以在浏览视图中按住 Shift 键并拖动幻灯片

22. PowerPoint 2010 中，在浏览视图下，按住 Ctrl 键并拖动某张幻灯片，可以完成（    ）操作。

    A. 移动幻灯片　　　B. 复制幻灯片　　C. 删除幻灯片　　D. 选定幻灯片

23. PowerPoint 2010 中，在浏览视图下，选定某幻灯片并拖动，可以完成（    ）操作。

    A. 移动幻灯片　　　B. 复制幻灯片　　C. 删除幻灯片　　D. 选定幻灯片

24. 在 PowerPoint 2010 中，下列有关选定幻灯片的说法，错误的是（    ）。

    A. 在浏览视图中单击幻灯片，即可选定

    B. 如果要选定多张不连续幻灯片，在浏览视图下按 Ctrl 键并单击各张幻灯片

    C. 如果要选定多张连续幻灯片，在浏览视图下按下 Shift 键并单击最后要选定的幻灯片

    D. 在幻灯片视图下，不可以选定多个幻灯片

25. 在 PowerPoint 2010 中，在大纲视图下的大纲编辑区，按住鼠标左键并拖动某幻灯片，可以完成（    ）操作。

    A. 复制幻灯片　　　　　　　　　B. 选定幻灯片

    C. 移动幻灯片　　　　　　　　　D. 删除幻灯片

26. 在 PowerPoint 2010 中，下列有关幻灯片动画叙述，错误的是（    ）。

    A. 动画设置有自定义动画和幻灯片切换动画设置两种

    B. 动画效果分预设动画效果和自定义动画效果

    C. 动画中不能播放自己建立的符合系统要求的声音文件

    D. 片内动画的顺序是可改变的

27. 在 PowerPoint 2010 中，下列关于自定义动画的操作，正确的是（    ）。

    A. 选择"幻灯片放映"菜单中的"自定义动画"命令可以设置自定义动画

    B. 单击鼠标右键，选择"自定义动画"命令可以设置自定义动画

    C. 在"动画效果"工具栏中可以设置自定义动画

    D. 在"动画"菜单中选择"添加动画"命令可以设置自定义动画

28. 在 PowerPoint 2010 中，下列关于自定义动画的说法正确的是（    ）。

    A. 自定义动画可在"备注页视图"中看出效果

    B. 自定义动画可在"大纲视图"中看出效果

    C. 自定义动画可在"幻灯片浏览视图"中看出效果

    D. 自定义动画可在"阅读视图"中看出效果

29. 在 PowerPoint 2010 中，下面说法错误的是（    ）。

    A. 幻灯片上动画对象的出现顺序不能随意修改

    B. 动画对象在播放之后可以再添加效果（如改变颜色等）

    C. 可以在演示文稿中添加超级链接，然后用它跳转到不同的位置

D. 创建超级链接时，起点可以是任何文本或对象

30. 在 PowerPoint 2010 中，下列四个"设置幻灯片切换效果"的步骤正确的是（　　）。
    A. 选择"视图"菜单中的"幻灯片浏览"命令，切换到浏览视图
    B. 选择要添加切换效果的幻灯片
    C. 选择"切换"菜单中的图标命令
    D. 在效果区的列表框中选择需要的切换效果

31. 在 PowerPoint 2010 幻灯片的背景设置中，"关闭"按钮的作用是（　　）。
    A. 此背景仅用于当前幻灯片
    B. 此背景用于当前演示文稿中的全部幻灯片
    C. 此背景仅用于最近两张幻灯片
    D. 此背景用于打开的所有演示文稿中的全部幻灯片

32. 在 PowerPoint 2010 幻灯片的背景设置中，"全部应用"按钮的作用是（　　）。
    A. 此背景仅用于当前幻灯片　　　　　　　B. 此背景用于当前演示文稿中的全部幻灯片
    C. 此背景仅用于最近两张幻灯片　　　　　D. 此背景用于所有演示文稿中的全部幻灯片

33. 在 PowerPoint 2010 中，下列有关幻灯片背景设置的说法错误的是（　　）。
    A. 可以为幻灯片设置不同的颜色、图案或者纹理的背景
    B. 可以使用图片作为幻灯片背景
    C. 可以为单张幻灯片进行背景设置
    D. 不可以同时对当前演示文稿中的所有幻灯片设置背景

34. 在 PowerPoint 2010 中，下列有关插入图表的操作错误的是（　　）。
    A. "插入"→"图表"
    B. "插入"→"图片"
    C. 单击工具栏中的"插入图表"按钮
    D. 使用"新建"中的含有图表的主题版式

35. 在 PowerPoint 2010 中，下列有关幻灯片背景设置的说法正确的是（　　）。
    A. 不可以为幻灯片设置不同的颜色、图案或者纹理的背景
    B. 不可以使用图片作为幻灯片背景
    C. 不可以为单张幻灯片进行背景设置
    D. 可以同时对当前演示文稿中的所有幻灯片设置背景

36. 在 PowerPoint 2010 幻灯片的放映过程中，以下说法错误的是（　　）。
    A. 按 B 键可实现黑屏暂停　　　　　　　B. 按 W 键可实现白屏暂停
    C. 单击鼠标右键可以暂停放映　　　　　D. 放映过程中不能暂停

37. 在 PowerPoint 2010 中，为加强演示效果，可以在演示文稿中插入的多媒体素材（　　）。
    A. 只能是视频文件　　　　　　　　　　B. 只能是音频文件
    C. 只能是自己录制的旁白声音　　　　　D. 以上都可以

38. PowerPoint 2010 是一种（　　）软件。
    A. 文字处理　　　　B. 电子表格　　　　C. 数据库　　　　D. 演示文稿制作

39. 在 PowerPoint 2010 中，演示文稿与幻灯片的关系是（　　）。
    A. 同一概念　　　　　　　　　　　　　B. 相互包含

C．演示文稿中包含幻灯片　　　　　　D．幻灯片中包含演示文稿

40．在 PowerPoint 2010 中，通过"动画"按钮的（　　）选项卡，可以为幻灯片对象设置动画和声音。

　　A．时间　　　　　　B．效果　　　　　　C．图表效果　　　D．播放设置

41．在 PowerPoint 2010 幻灯片浏览视图中，选定不连续多张幻灯片，应借助（　　）键。

　　A．Ctrl　　　　　　B．Shift　　　　　　C．Tab　　　　　　D．Alt

42．在 PowerPoint 2010 幻灯片窗格中，选择要居中的文本单击"居中对齐"按钮，结果是（　　）。

　　A．文本框居于显示器屏幕中央

　　B．文本框居于幻灯片窗格中央

　　C．所选择的文本居于显示器屏幕中央

　　D．所选择的文本居于文本框中央

43．在 PowerPoint 2010 中，不能编辑幻灯片中对象的是（　　）。

　　A．幻灯片浏览视图　B．普通视图

　　C．备注页视图　　　　　　　　　　D．阅读视图

44．在 PowerPoint 2010 中，若希望演示文稿作者的名字出现在所有的幻灯片中，则应将其加入到（　　）中。

　　A．幻灯片母版　　　B．备注母版　　　C．配色方案　　　D．动作按钮

45．在 PowerPoint 2010 中，删除幻灯片的操作可以是（　　）。

　　A．单击常用工具栏中的"粘贴"按钮

　　B．使用键盘上的 Delete 按钮

　　C．选择"编辑"菜单中的"清除"命令

　　D．单击常用工具栏中的"复制"按钮

46．在 PowerPoint 2010 中，一位同学制作一份名为"我的爱好"的演示文稿，要插入一张名为 j1.jpeg 的照片的文件，应该采用的操作是（　　）。

　　A．单击工具栏中的"插入艺术字"按钮

　　B．选择"插入"菜单中的"图片"命令

　　C．选择"插入"菜单中的"文本框"命令

　　D．单击工具栏中的"插入剪贴画"按钮

47．在 PowerPoint 2010 中，某位同学制作一份名为"我的故乡"的演示文稿，要插入一段他自己录制的声音文件，应该采用的操作是（　　）。

　　A．选择"插入"菜单中的"音频/文件中的音频"命令

　　B．选择"插入"菜单中的"图片/来自文件"命令

　　C．选择"插入"菜单中的"视频/文件中的视频"命令

　　D．单击工具栏中的"插入剪贴画"按钮

48．在 PowerPoint 2010 中，插入剪贴画的操作可以是（　　）。

　　A．单击工具栏中的"插入艺术字"按钮

　　B．选择"编辑"菜单中的"插入新幻灯片"命令

　　C．选择"编辑"菜单中的"文本框"命令

D．单击"插入"工具栏中的"剪贴画"按钮

49．在 PowerPoint 2010 中，插入来自文件的图片的操作是（    ）。

A．单击工具栏中的"插入艺术字"按钮

B．选择"插入"菜单中的"图片"命令

C．选择"插入"菜单中的"文本框"命令

D．单击工具栏中的"插入剪贴画"按钮

50．属于 PowerPoint 2010 设置放映方式的选项中，不包括的是（    ）。

A．演讲者放映                    B．观众自行放映

C．投影机放映                    D．在展台浏览

51．在 PowerPoint 2010 中，选择菜单"幻灯片放映"的"从头放映"命令，表示（    ）。

A．从第一张幻灯片开始放映        B．从当前幻灯片开始放映

C．放映最后一张幻灯片            D．从任意一张幻灯片开始放映

52．在 PowerPoint 2010 中，下列说法中错误的是（    ）。

A．可以打开 Internet 上的演示文稿

B．可以打开 FTP 站点中的演示文稿

C．不可以将演示文稿保存到 FTP 站点上

D．PowerPoint 2010 中的 Web 工具栏可以让用户浏览演示文稿和其他含超级链接的 Office 文档

53．以下不属于 PowerPoint 2010 字体格式的是（    ）。

A．阴影        B．斜体        C．波浪下划线    D．颜色

54．在 PowerPoint 2010 中，将演示文稿打包时，若想在未安装 PowerPoint 2010 的计算机上运行幻灯片放映，需（    ）。

A．选择包含 PowerPoint 2010 放映的选项

B．选择包含 PowerPoint 2010 播放器的选项

B．选择包含 PowerPoint 2010 演示的选项

D．选择包含 Web 页的选项

55．在 PowerPoint 2010 设置幻灯片自定义动画时，可以设置（    ）效果。

A．回旋        B．底部飞入      C．轻微放大      D．以上选项都可以

56．在 PowerPoint 2010 幻灯片放映时，要在演示文稿内的任何位置显示被隐藏的幻灯片的方法是（    ）。

A．在任何一张幻灯片上右击选择"演讲者备注"命令，选择相应的幻灯片即可

B．在任何一张幻灯片上右击，选择"定位"下的"按标题"命令，选择相应的幻灯片即可

C．在任何一张幻灯片上右击，选择"隐藏幻灯片"命令，选择相应的幻灯片即可

D．在任何一张幻灯片上右击，选择"下一张"命令即可

57．使用 PowerPoint 2010，在一个演示文稿中，设置（    ）操作，其默认的效果是"全部应用"。

A．模板        B．版式        C．背景颜色      D．动画方式

58．在 PowerPoint 2010 中，要插入一个在各张幻灯片中都在相同位置显示的小图片，应

进行（　　）设置。

    A．幻灯片视图                  B．幻灯片浏览视图

    C．幻灯片母版                  D．大纲视图

59．在 PowerPoint 2010 中的（　　）视图中，可以在窗口中同时看到演示文稿中的多张幻灯片。

    A．幻灯片       B．幻灯片浏览      C．大纲       D．普通

60．保存为 PowerPoint 2010 放映的文件扩展名为（　　）。

    A．pps           B．ppt           C．pst           D．pts

61．在 PowerPoint 2010 中，若要使幻灯片在播放时能每隔 3 秒自动转到下一页，可选择"幻灯片放映"下的（　　）命令，在打开的对话框中进行设置。

    A．动作按钮       B．动作设置      C．自定义动画    D．幻灯片切换

62．在 PowerPoint 2010 中，要使幻灯片文件能在打开后自动放映，应将其保存为（　　）类型。

    A．pps           B．pot           C．ppt           D．ppa

63．在 PowerPoint 2010 中，可以插入（　　）。

    A．文字、声音和视频文件        B．表格和图表

    C．图形和图像                 D．以上都对

64．在 PowerPoint 2010 中，启动幻灯片放映的热键是（　　）。

    A．Ctrl+P        B．Ctrl+A       C．F6           D．F5

65．在 PowerPoint 2010 中，以下的说法中正确的是（　　）。

    A．可以将演示文稿中选定的信息链接到其他演示文稿幻灯片中的任何对象

    B．可以对幻灯片中的对象设置播放动画的时间顺序

    C．PowerPoint 2010 演示文稿的默认扩展名为.pot

    D．在一个演示文稿中能同时使用不同的模板

66．在幻灯片母版上不可以完成以下的（　　）操作。

    A．使相同的图片出现在所有幻灯片的相同位置

    B．使所有幻灯片具有相同的背景颜色及图案

    C．使所有幻灯片上预留文本框中的文本具有相同格式

    D．使所有幻灯片上新插入的文本框中的文本具有相同格式

67．页眉和页脚中的日期除了可以设为固定外，还可以设为（　　）方式。

    A．自动更新       B．人工更新      C．自定义        D．随机

68．在 PowerPoint 2010 中，对于已创建好的演示文稿可以通过（　　）方式转移到其他未安装 PowerPoint 2010 的机器上放映。

    A．打包                     B．发送

    C．复制                     D．幻灯片放映/自定义放映

69．在演示文稿幻灯片中，要插入图片，应该在（　　）视图中进行。

    A．幻灯片视图                B．大纲视图

    C．备注页视图                D．阅读视图

70．在 PowerPoint 2010 中，幻灯片浏览视图的主要功能不包括（　　）。

A. 编辑幻灯片上的具体对象　　　　　B. 复制幻灯片

C. 删除幻灯片　　　　　　　　　　　D. 移动幻灯片

71. 在 PowerPoint 2010 中，幻灯片母板的主要用途不包括（　　）。

A. 添加并修饰幻灯片页脚　　　　　B. 设定幻灯片中的文本样式

B. 添加并修饰幻灯片编号　　　　　D. 隐藏幻灯片

72. 在 PowerPoint 2010 中，既能对单张幻灯片又能对所有幻灯片进行设置的是（　　）。

A. 背景　　　　　　　　　　　　　B. 配色方案

C. 幻灯片切换方式　　　　　　　　D. 以上均可以

73. PowerPoint 2010 中使字体有下划线的快捷键是（　　）。

A. Shift+U　　　　B. Ctrl+U　　　　C. End+U　　　　D. Alt+U

74. 在备注页视图方式下，双击幻灯片可（　　）。

A. 直接进入幻灯片视图　　　　　　B. 弹出快捷菜单

C. 插入备注或说明　　　　　　　　D. 删除该幻灯片

75. 在 PowerPoint 2010 中，若想设置幻灯片中对象的动画效果，应选择（　　）。

A. 普通视图　　　　　　　　　　　B. 幻灯片浏览视图

C. 阅读视图　　　　　　　　　　　D. 以上均可

76. 默认状态下，在 PowerPoint 2010 中按 F5 键后（　　）。

A. 幻灯片从第一张开始全屏放映　　B. 幻灯片从第一张开始窗口放映

B. 幻灯片从当前页开始全屏放映　　D. 幻灯片从当前页开始窗口放映

77. 在 PowerPoint 2010 中，设置幻灯片放映方式的操作方法是（　　）。

A. "幻灯片放映"→"从头开始"　　　B. "幻灯片放映"→"幻灯片切换"

C. "格式"→"幻灯片版式"　　　　　D. "视图"→"幻灯片浏览"

78. 在 PowerPoint 2010 中，设置幻灯片切换效果的操作是（　　）。

A. "幻灯片放映"→"设置放映方式"

B. 直接单击"切换"按钮

C. "格式"→"幻灯片版式"

D. "视图"→"幻灯片浏览"

79. 下列不属于 PowerPoint 2010 的视图是（　　）。

A. 普通视图　　　B. 幻灯片视图　　　C. 大纲视图　　　D. 阅读视图

**选择题答案：**

| | | | | | | | |
|---|---|---|---|---|---|---|---|
| 1. D | 2. D | 3. A | 4. C | 5. A | 6. B | 7. C | 8. D |
| 9. C | 10. D | 11. B | 12. B | 13. C | 14. D | 15. C | 16. C |
| 17. C | 18. C | 19. A | 20. D | 21. D | 22. B | 23. A | 24. D |
| 25. C | 26. C | 27. C | 28. D | 29. A | 30. C | 31. A | 32. B |
| 33. D | 34. B | 35. D | 36. D | 37. D | 38. D | 39. C | 40. B |
| 41. A | 42. D | 43. D | 44. A | 45. B | 46. B | 47. B | 48. D |
| 49. B | 50. C | 51. A | 52. C | 53. C | 54. B | 55. D | 56. B |
| 57. A | 58. C | 59. B | 60. A | 61. D | 62. A | 63. D | 64. D |

65．B　66．D　67．A　68．A　69．A　70．A　71．D　72．D

73．B　74．A　75．A　76．A　77．A　78．B　79．C

**二、操作题**

1．建立演示文稿 yswg1.ppt（效果如图 6-1 所示），按照下列要求完成操作并保存。

1）将第一张幻灯片的标题设置为 54 磅、加粗。将第二张幻灯片版式改为"垂直排列标题与文本"，在第二张幻灯片的备注区输入"最近上海十几个新建小区用上了分质供水"。将第二张幻灯片移动为演示文稿的第三张幻灯片。插入新幻灯片，作为最后一张幻灯片，版式为"标题和内容"，标题输入"美苑花园"，在内容区插入剪贴画 buildings、homes、houses 和 lakes，剪贴画的动画效果分别设置为进入、旋转、水平和慢速。

2）将所有幻灯片的背景纹理设置为"水滴"，切换效果为"中央向上下展开"。

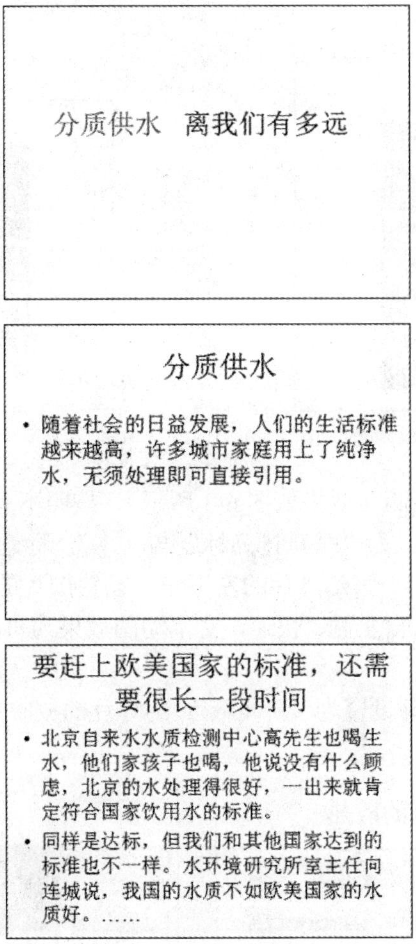

图 6-1　题 1 效果图

2．建立演示文稿 yswg2.ppt（效果如图 6-2 所示），按照下列要求完成操作并保存。

1）插入新幻灯片作为第一张幻灯片，版式为"标题和内容"，标题处输入"简·爱"，设置为黑体、72 磅、阴影、白色。第二、三张幻灯片标题为黑体、阴影、白色，文本设置为白色。

将第二张幻灯片的版式改为"标题和竖排文字"，为第二张幻灯片中的文字"70 版电影简爱"创建超链接，链接至本文档的第四张幻灯片。第四张幻灯片中的图片的动画效果为回旋、之后、中速。将第五张幻灯片中的图片移到第一张幻灯片的内容区域，并删除第五张幻灯片。在幻灯片母版（包括标题母版）的日期区域输入 2008 年 10 月，页脚区输入"《简·爱》简介"。

2）全部幻灯片的背景预设颜色为"金乌坠地"、水平，切换效果为"随机垂直线条"。

图 6-2　例题 2 效果图

3．建立演示文稿 yswg3.ppt（效果如图 6-3 所示），按照下列要求完成操作并保存。

1）将第一张幻灯片版式改为"垂直排列标题与文本"，标题文字设置为 48 磅、加粗。将第二张幻灯片中的图片移到第一张幻灯片的左下角，设置图片的缩放比例为 60%。第一张幻灯片中标题动画效果为飞入、自左侧、快速，文本动画效果为棋盘、下、快速，动画顺序为先标题后文本。

2）将所有幻灯片背景纹理设置为"新闻纸"；幻灯片的放映方式设置为"观众自行浏览"。

图 6-3　题 3 效果图

4．建立演示文稿 yswg4.ppt（效果如图 6-4 所示），按下列要求完成操作并保存。

1）将全部幻灯片的切换效果设置为"从左下抽出"。

2）插入新幻灯片作为第一张幻灯片，版式为"只有标题"，标题处输入"李杜诗 5 首"，设置为隶书、80 磅、蓝色（请用自定义选项卡中的红色 0、绿色 0、蓝色 255）。将第二张幻灯片版式改为"垂直排列标题和文本"。在第二张幻灯片中插入艺术字"峨眉山月歌"，形状为第一行的第二个，位置为水平 2 厘米、垂直 1 厘米，度量依据都是左上角。将此艺术字复制到第三张幻灯片的相同位置。删除最后一张幻灯片。

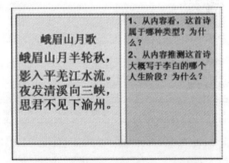

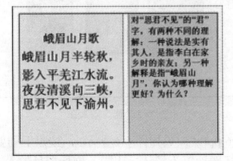

图 6-4 题 4 效果图

5．建立演示文稿 yswg5.ppt（效果如图 6-5 所示），按照下列要求完成操作并保存。

1）全部幻灯片的切换效果设置为"从右上抽出"。

2）插入新幻灯片作为第一张幻灯片，版式改为"标题幻灯片"，标题处输入"壶口瀑布"，并设置字体字号为隶书、72 磅。将第三张幻灯片的版式改为"标题和竖排文字"。将第三张幻灯片移动到第二张幻灯片的位置。将第四张幻灯片中的三张图片移到第二张幻灯片的文本的下方，并删除第四张幻灯片。为第二张幻灯片中的文字"旅游功略"创建超链接，链接至本文档的第三张幻灯片。将第二张幻灯片中的图片的动画效果设置为飞入、之后、自右侧。动画顺序为左中右。在幻灯片母版的页脚区插入"壶口瀑布旅游简介"。

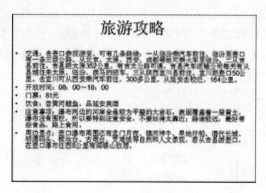

图 6-5　题 5 效果图

6. 建立演示文稿 yswg6.ppt（效果如图 6-6 所示），按照下列要求完成操作并保存。

1）将第一张幻灯片的标题设置为黑体、阴影，副标题处输入"成功推出一套专业计费解决文案"，并设置标题为黑体、下划线、红色（请用自定义选项卡中的红色 255、绿色 0、蓝色 0）。将第二张幻灯片版式改为"垂直排列标题与文本"，原标题文字设置为艺术字，形状为字库中第 5 行第 6 个，尺寸为高 2.54 厘米、宽 7 厘米，位置为水平 18 厘米、垂直 5 厘米，度量依据都为左上角。将第二张幻灯片中文本部分的动画设置为飞入、自左侧。

2）将第一张幻灯片的背景预设颜色为"雨后初晴""水平"，全部幻灯片的切换效果为"水平百叶窗"。

图 6-6　题 6 效果图

7. 建立演示文稿 yswg7.ppt（效果如图 6-7 所示），按照下列要求完成对此文稿的修饰并保存。

1）将第一张幻灯片主标题文字的字体设置为"黑体"，字号设置为 46 磅，加粗，加下划线。第二张幻灯片的文本动画设置为"展开""中部向左右"，图片的动画设置为"螺旋"。第三张幻灯片的背景填充预设为"雨后初晴"，底纹式样为"斜下"。

2）第二张幻灯片的动画出现顺序为先图片后文本。幻灯片放映方式设置为"观众自行浏览"。

图 6-7　题 7 效果图

8. 建立演示文稿 yswg8.ppt（效果如图 6-8 所示），按照下列要求完成对此演示文稿的修饰并保存。

1）将第二张幻灯片版式改为"文本与图表"，在图表位置插入第三张幻灯片的图表，文本位置输入"2006 年以前，新网民第一次上网的主要场所是网吧。2006 年开始，家庭成了新网民第一次上网的主要场所。"将其字体设置为"黑体"，字号设置为 33 磅、加粗，颜色设置为红色（请用自定义标签的红色 245、绿色 0、蓝色 0），图表动画设置为"缩放""缩小"。文本动画设置为"随机线条""垂直"。动画顺序为先文本后图片。在第一张幻灯片的下方插入如下所示的表格。

| 网吧 | 家庭 | 公司 | 其他 |
|------|------|------|------|
| 1214 人 | 299 人 | 107 人 | 256 人 |

在第一张幻灯片前插入新幻灯片，版式为"空白"，并插入形状为"右牛角形"的艺术字"网络第一次上网的地点"（水平位置：6 厘米，度量依据：左上角。垂直位置：10.0 厘米，度量依据：左上角）。

2）删除第四张幻灯片。

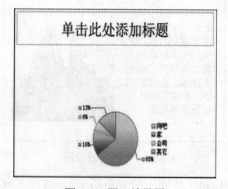

图 6-8　题 8 效果图

9. 建立演示文稿 yswg9.ppt（效果如图 6-9 所示），按照下列要求完成操作并保存。

1）将最后一张幻灯片向前移动，作为演示文稿的第一张幻灯片，并在副标题处键入"领先同行业的技术"文字；字体字号等设置为宋体、加粗、倾斜、44 磅。将最后一张幻灯片的版式更换为"垂直排列标题与文本"。

2）将全部幻灯片切换效果设置为"从左下抽出"；第二张幻灯片的文本部分动画设置为"飞入""底部"。

### 速度和容量

- 突破137GB存储极限
- Ultra ATA133：性能与PCI总线相匹配
- DualWave（双处理器）
- MaxSafe（数据保护）
- ShockBlock（抗震技术）

### 个性化技术

- SilentStore（静音技术）
- WriteVerify（写校验）
- 散热设计

### 产品服务

- 三年质保，全国联保
- 一年包换，三年保修
- 本地购买，异地保修

### Maxtor
### Storage for the world

单击此处添加副标题

图 6-9　题 9 效果图

10. 建立演示文稿 yswg10.ppt（效果如图 6-10 所示），按照下列要求完成操作并保存。

1）将第三张幻灯片版式改变为"垂直排列标题与文本"，将第一张幻灯片背景填充纹理设置为"羊皮纸"。

2）为第二张幻灯片添加标题"项目计划过程"，将其设置为黑体、48 磅。然后将该幻灯片移动到演示文稿的最后，作为整个文稿的第三张幻灯片。将所有幻灯片的切换效果都设置为"垂直百叶窗"。

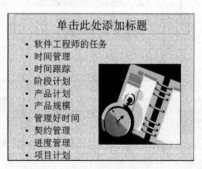

图 6-10　题 10 效果图

时间跟踪
• 为什么要跟踪时间？
• 记录时间数据
• 使用标准的时间记录日志
• 标准的时间记录日志内容
• 时间跟踪的第一步

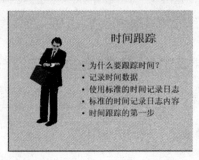

图 6-10　题 10 效果图（续图）

11．建立演示文稿 yswg11.ppt（效果如图 6-11 所示），按照下列要求完成操作并保存。

1）在演示文稿开始处新插入一张“标题幻灯片”作为演示文稿的第一张幻灯片，输入主标题为“计算机世界”，输入副标题为“IT 应用咨询顾问”，设置字体字号为楷体_GB2312、40 磅。

2）将全部幻灯片的切换效果设置为“从右抽出”，两张幻灯片中的副标题的动画效果分别设置为“飞人”“底部”。

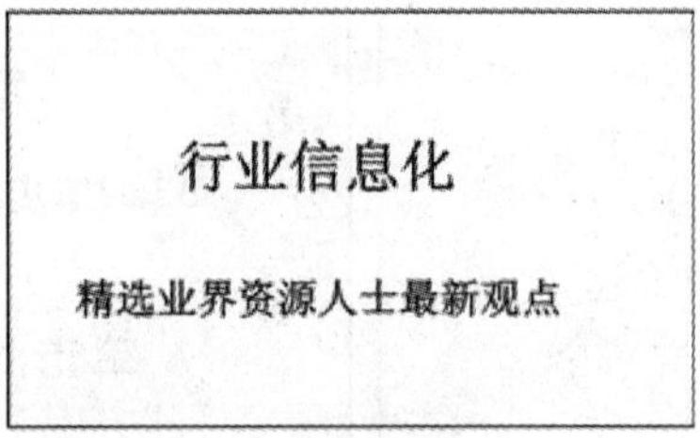
行业信息化
精选业界资源人士最新观点

图 6-11　题 11 效果图

12．建立演示文稿 yswg12.ppt（效果如图 6-12 所示），按照下列要求完成操作并保存。

1）在演示文稿开始处插在入一张“标题幻灯片”作为演示文稿的第一张幻灯片，输入主标题为“趋势防毒，保驾电信”。第三张幻灯片版式设置改为“垂直排列标题与文本”，将文本部分动画效果设置成“飞入”“上部”。

2）将全部幻灯片的切换效果设置为“溶解”。

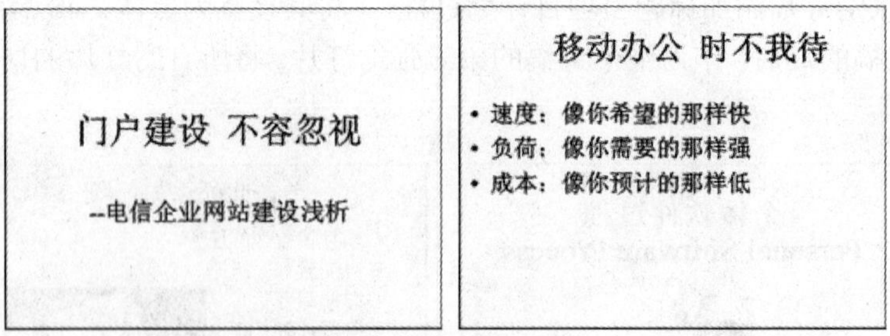
门户建设 不容忽视
--电信企业网站建设浅析
移动办公 时不我待
• 速度：像你希望的那样快
• 负荷：像你需要的那样强
• 成本：像你预计的那样低

图 6-12　题 12 效果图

13．建立演示文稿 yswg13.ppt（效果如图 6-13 所示），按照下列要求完成操作并保存。

1）在演示文稿第一张幻灯片的标题处键入“地球报告”，设置为“加粗”、48 磅，副标题的动画效果设置为“螺旋”。

2）将第二张幻灯片版式改变为“垂直排列文本”；使用演示文稿设计中的 Blends 模板来

修饰全文；将全部幻灯片的切换效果设置为"盒状收缩"。

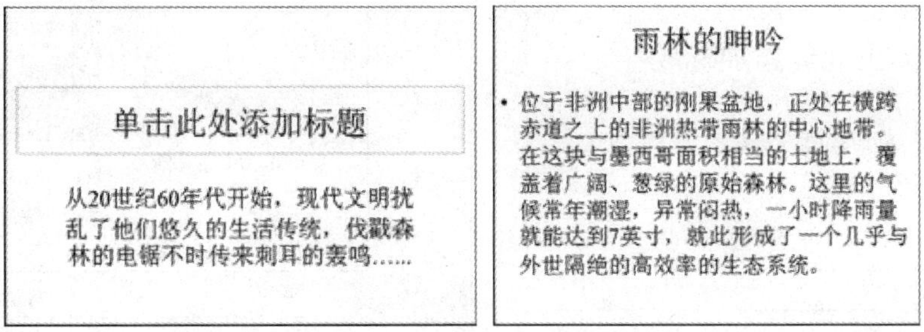

图 6-13　题 13 效果图

14. 建立演示文稿 yswg14.ppt（效果如图 6-14 所示），按照下列要求完成操作并保存。

1）将第一张幻灯片中的标题设置为 54 磅、加粗；将第二张幻灯片版式改为"垂直排列标题与文本"，然后将第二张幻灯片移动为演示文稿的第三张幻灯片；将第一张幻灯片的背景纹理设置为"水滴"。

2）将第三张幻灯片的文本部分动画效果设置为"飞入""底部"，全部幻灯片的切换效果设置为"中部向上下展开"。

图 6-14　题 14 效果图

15. 建立演示文稿 yswg15.ppt（效果如图 6-15 所示），按照下列要求完成操作并保存。

1）在第一张幻灯片的主标题处输入"太阳系是否存在第十大行星"，将其字体设置为"黑体"，字号为 61 磅、加粗，颜色为红色（请用自定义标签的红色 250、绿色 0、蓝色 0）。副标题处输入"'齐娜'是第十大行星？"，其字体为"楷体_GB2312"，字号为 39 磅。将第四张幻灯片的图片插到第二张幻灯片的剪贴画区域。将第三张幻灯片的剪贴画区域插入剪贴画"科技"类的"天文"，且剪贴画动画设置为"回旋"。将第一张幻灯片的背景填充预设为"碧海青天"，底纹式样为"斜上"。

2）删除第四张幻灯片。将全部幻灯片切换效果设置为"向左下插入"。

16. 建立演示文稿 yswg16.ppt（效果如图 6-16 所示），按下列要求完成操作并保存。

1）将第一张幻灯片的标题设置为 54 磅、加粗。第二张幻灯片版式改为"垂直排列标题与文本"，在第二张幻灯片的备注区输入"最近上海十几个新建小区用上了分质供水。"。将第二张幻灯片移动为演示文稿的第三张幻灯片。插入新幻灯片，作为最后一张幻灯片，版式改为"标题和内容"，标题处输入"美苑花园"，在内容区插入剪贴画 buildings、homes、houses 和 lakes，剪贴画的动画效果分别设置为进入、旋转、水平和慢速。

2）所有幻灯片的背景纹理设置为"水滴"，切换效果为"中央向上下展开"。

单击此处添加标题

单击此处添加副标题

冥王星"第九大行星"身份质疑

双击此处添加剪贴画

- 如果"齐娜"第十大行星的地位不能被认可，那么对冥王星"第九大行星"身份的质疑也就不会停止，它的直径只有2360公里，比"齐娜"小了将近三分之一。如果"齐娜"被拒，那么按照科学的统一标准，冥王星也理应被扫地出门才算公平。

美科学家反对开除冥王星"户籍"

- 美国科学家对任何试图开除冥王星"户籍"的提议都表示强烈反对。英国天文学教授布赖恩·马斯登说，他在1980年的一次会议上提议把冥王星降级为小行星，结果与会的美国天文学家们居然威胁要把他扔到宾馆的游泳池里。

双击此处添加剪贴画

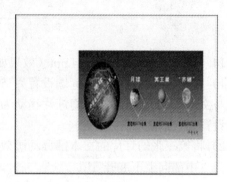

图 6-15　题 15 效果图

MODULE 1

Introduction to Feedback Control

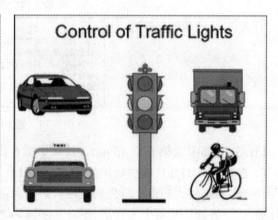

单击此处添加标题

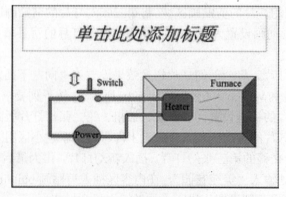

图 6-16　题 16 效果图

17. 建立演示文稿 yswg17.ppt（效果如图 6-17 所示），按照下列要求完成操作并保存。

1）将全部幻灯片的切换效果设置为"纵向棋盘式"。

2）插入一张新幻灯片作为第一张幻灯片，标题处输入"桃花扇"，副标题输入"孔尚任"。第二张幻灯片版式改为"垂直排列标题与文本"，第三张幻灯片版式改为"标题和竖排文字"。将最后一张幻灯片移动到第二张的位置，并将此张幻灯片中图片的动画效果设置为"棋盘""下""快速"。在幻灯片母版（包括标题母版）的日期区域输入"2008 年 10 月"，页脚区输入"桃花扇简介"。

图 6-17　题 17 效果图

18. 建立演示文稿 yswg18.ppt（效果如图 6-18 所示），按照下列要求完成操作并保存。

1）将全部幻灯片的切换效果设置为"垂直百叶窗"。

2）在第一张幻灯片标题处输入字母 EPSON，文本设置为 54 磅、加粗。第二张幻灯片的标题动画效果设置为"飞入""自右下部"，文本动画效果设置为"棋盘"。动画顺序为先标题后文本。将第二张幻灯片移动为演示文稿的第一张幻灯片。插入第三张幻灯片，版式为"内容"，在幻灯片中间位置插入剪贴画：Office 收藏集里"商业"类的 computers、computing 和 females。

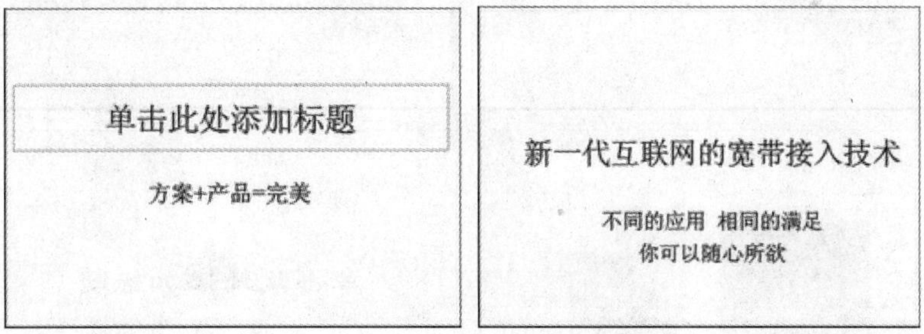

图 6-18　题 18 效果图

19. 建立演示文稿 yswg19.ppt（效果如图 6-19 所示），按照下列要求完成操作并保存。

1）插入新幻灯片作为第一张幻灯片，版式为"标题幻灯片"，标题处输入"诺基亚NOKIA-3310"，中英文分为两行，中文设置为黑体、加粗、60 磅，英文设置为 Arial Black、54 磅，全部文字设置为红色（请用自定义选项卡中的红色 255、绿色 0、蓝色 0）。将第三张幻灯片版式改为"标题和文本"。将第二张幻灯片移到第三张幻灯片的位置。第二、三张幻灯片中文本部分的动画效果分别设置为"飞入""自左侧"。在幻灯片母版的页脚区输入"工作尽情，娱乐尽兴"，字体为"楷体_GB2312"。

2）全部幻灯片的背景预设颜色为"茵茵绿原"、水平，切换效果设置为"从下抽出"。

NOKIA-3310主要功能（续）

- 有趣的个性化功能
- 游戏
- 前后"随心换"彩壳

NOKIA-3310主要功能

时间管理
有趣的信息
短信息聊天功能
通话管理
计添能
简洁及富于魅力的设
双频功能
面
快键用户界面

图 6-19　题 19 效果图

20．建立演示文稿 yswg20.ppt（效果如图 6-20 所示），按照下列要求完成操作并保存。

1）将全部幻灯片的切换效果设置为"溶解"。

2）将第一、二张幻灯片的标题设置为"隶书"，文本设置为"楷体\_GB2312"、20 磅。将第一张幻灯片版式改为"标题，文本与内容"，在备注区插入梵高简介。将第二张幻灯片的版式改为"标题和文本在内容之上"，在备注区插入梵高名作。将第三张幻灯片中的人物图片移到第一张幻灯片的内容区域，向日葵图片移到第二张幻灯片的内容区域的中间位置。删除第三张幻灯片。第一张幻灯片中的人物图片的动画效果设置为"伸展""之后""快速"，第二张幻灯片中的向日葵图片的动画效果设置为"随机线条""之后""垂直""非常慢"。将最后一张幻灯片移到第一张幻灯片的位置，插入标题"梵高与向日葵"，设置为"隶书"、66 磅。

图 6-20　题 20 效果图

21．建立演示文稿 yswg21.ppt（效果如图 6-21 所示），按照下列要求完成操作并保存。

1）全部幻灯片切换效果设置为"随机垂直线条"。

2）将第一张幻灯片的版式改为"垂直排列标题与文本"；文本部分的动画效果设置为"向内溶解""快速"。将第二张幻灯片的标题设置为"黑体"、66 磅、加粗并添加阴影；副标题设置为 28 磅、下划线。将第二张幻灯片移到第一张幻灯片的位置。将第四张幻灯片中的图片移到第三张幻灯片的右半部分，图片的动画效果为"扇形展开""快速"。删除第四张幻灯片。

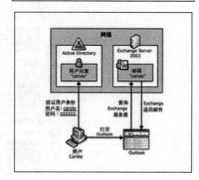

图 6-21　题 21 效果图

### 三、演示文稿操作题考点及操作步骤

考点 1：文字设置

本知识点考核的几率约为 76%，其操作步骤如下：

步骤 1：选定将要设置的文字，在"开始"菜单中选择"字体"命令，弹出如图 6-22 所示的对话框。

图 6-22　字体设置

步骤 2：对字体、字形、字号、颜色、下划线、上标、下标和阴影等进行设置，设置完成后单击"确定"按钮。

考点 2：移动幻灯片

本知识点考核的几率约为 50%，其操作步骤如下：

在"普通"视图下，按住鼠标左键选中需要移动的幻灯片，拖拽到题目要求的位置。或者使用对要移动的幻灯片右击鼠标，选择剪切命令，然后将剪切的幻灯片粘贴在要求的位置。注意，由于剪切的效果，幻灯片的序号会依次提前一位，所以移动时应明确目标位置的所在。

考点 3：插入幻灯片

本知识点考核的几率约为 40%，其操作步骤如下：

步骤 1：举个例子，如果要在两张幻灯片之间插入一张幻灯片，先用鼠标左键单击这两张幻灯片中的前者，选择"开始"菜单中的"新建幻灯片"命令图标上的下拉三角按钮，弹出如图 6-23 所示的对话框。

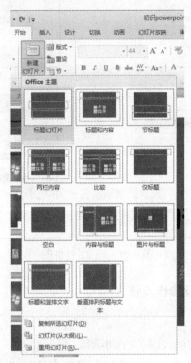

图 6-23　新建幻灯片

步骤 2：按题目要求选择相应的版式，完成新幻灯片的插入。

考点 4：应用模板

本知识点考核的几率约为 68%，其操作步骤如下：

步骤 1：选择"设计"命令，弹出如图 6-24 所示的"所有主题"对话框。

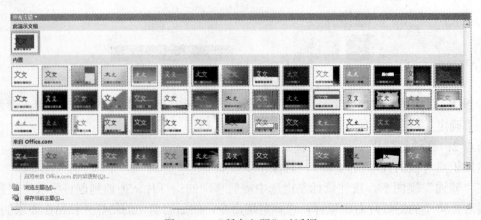

图 6-24　"所有主题"对话框

步骤 2：单击需要的模板，即可将此模板应用到幻灯片中。

考点 5：版式设置

本知识点考核的几率约为 68%，其操作步骤如下：

步骤 1：选择"开始"中的"版式"命令，弹出如图 6-25 所示的对话框。

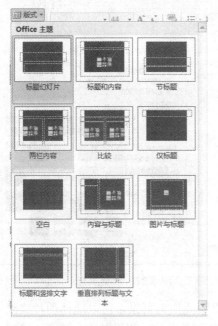

图 6-25　幻灯片版式

步骤 2：按题目要求选择需要版式，单击即可应用到幻灯片中。

考点 6：背景设置

本知识点考核的几率约为 32%，其操作步骤如下：

步骤 1：选定幻灯片，选择"开始"中的"设计"命令，找到"背景样式"命令栏，选择"设置背景格式"命令，弹出如图 6-26 右侧所示的对话框。

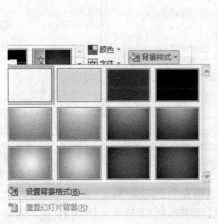

图 6-26　设置背景格式

步骤 2：单击"颜色"的下拉三角，可以在里面选择自己喜欢的颜色。透明度可以通过调节背景颜色的深浅使背景图案变得透明。

步骤 3：如果觉得纯色填充效果还是达不到要求，可以使用渐变填充，渐变填充对话框如图 6-27 所示，可供选择的选项很多，有兴趣的读者不妨新建一个空白演示文档来一一试试。

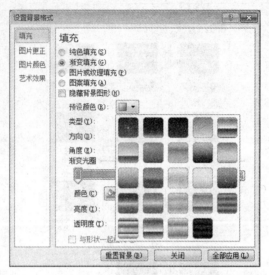

图 6-27　渐变填充对话框

步骤 4：如果想使用本机图片作为背景，可以选择图片或纹理填充选项，如图 6-28 所示，与步骤 4 类似，选项很多，这里不再一一列举效果。注意，选择"文件"选项，会打开"插入图片"对话框，此处的操作与之前的插入图片操作相同，这里不再赘述。

图 6-28　渐变填充对话框

步骤 5：如果想用图案作为背景，选择"图案填充"选项即可。

步骤 6：如果想隐藏背景，直接在"隐藏背景图形"选项前的方框内打上√即可。

步骤 7：如果想对背景图片或图案做简单处理，比如亮度、对比度、柔化、色调、饱和度和艺术效果等，请选择"填充"选项下面的"图片更正""图片颜色""艺术效果"等选项。

考点 7：动画设置

本知识点考核的几率约为 90%，其操作步骤如下：

步骤 1：选定幻灯片，选择"文件"中的"动画"命令，再选择"添加动画"命令，弹出如图 6-29 所示的对话框。

图 6-29　"添加动画"对话框

步骤 2：选择要添加动画的幻灯片对象，单击对应的动画效果按钮，对动画效果进行设置。

步骤 3：单击位于"添加动画"按钮右上方的"动画窗格"按钮，可以弹出"动画播放效果"对话框，单击"播放"按钮即可观看刚设置的动画效果。

提示：将鼠标指向动画图标时，静止 1～2 秒，直接就能预览动画效果。这个效果对使用 Ribbon 菜单的软件中的选项是通用的。

考点 8：切换效果

本知识点考核的几率约为 94%，其操作步骤如下：

步骤 1：选定幻灯片，选择"开始"菜单中的"切换"命令，弹出如图 6-30 所示的"幻灯片切换"对话框。

步骤 2：在"幻灯片切换"对话框中设置切换效果，单击"应用于所有幻灯片"按钮。

实践证明，PowerPoint 2010 切换幻灯片的效果比 PowerPoint 2003 要强大得多。读者有兴趣不妨将两种软件对比一下。

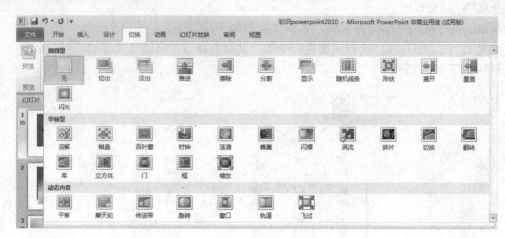

图 6-30　幻灯片切换

考点 9：插入剪贴画

本知识点为出现考核的几率约为 50%，其操作步骤如下：

步骤 1：选定要插入剪贴画的位置，在"插入"菜单中选择"剪贴画"命令，如图 6-31 所示。

图 6-31　插入对象

步骤 2：在"搜索文字"的文本框中输入想要查找的内容，单击"搜索"按钮，选择需要插入的剪贴画。

步骤 3：单击需要插入的剪贴画则可以插入相应的剪贴画。

**提示**：插入菜单非常实用，如果你想在幻灯片中插入其他对象，插入命令将无一遗漏地提供插入各种对象（音频、视频、图表、艺术字，公式、日期等）的途径。

考点 10：设置图片格式

本知识点为新增考点，其操作步骤如下：

步骤 1：右键单击需要调整格式的图形或者图片，选择"设置图片格式"命令，弹出如图 6-32 所示的"设置图片格式"对话框。

步骤 2：选择"设置图片格式"对话框中的各类选项卡，设置图片的格式。

步骤 3：单击"关闭"按钮。

**提示**：PowerPoint 2010 提供的修改图片格式的功能很强大，希望读者能自行尝试每个选项的效果。部分情况下，使用该选项处理图片的效果甚至可以媲美专业图片处理软件，但是效率会高很多。

图 6-32 设置图片格式

考点 11：插入艺术字

本知识点类似于前面介绍的插入剪贴画，其操作步骤如下：

步骤 1：执行"插入艺术字"命令，弹出如图 6-33 所示的对话框。

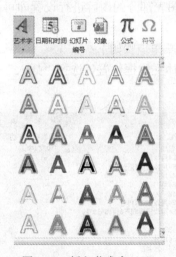

图 6-33 插入艺术字（1）

步骤 2：选定要插入的艺术字样式，弹出如图 6-34 所示的对话框。

请在此放置您的文字

图 6-34 插入艺术字（2）

步骤 3：在"编辑'艺术字'文字"对话框的"文字"文本框中输入要插入的艺术字，单击屏幕空白处即可。

**提示**：艺术字实际上就是图片，要修改艺术字的样式和格式，可以参考考点 10 中关于设置图片格式中的内容。

考点 12：插入图表

本知识点类似于考点 9，其操作步骤如下：

步骤 1：在要插入图表的区域单击"插入图表"图标，如图 6-35 所示。

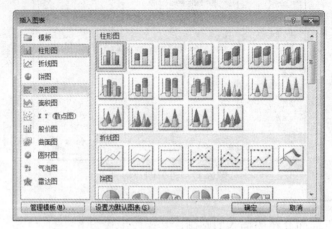

图 6-35　插入图表

步骤 2：参考 Excel 中关于图表部分的内容进行设置即可。

考点 13：插入日期

本知识点类似于考点 9，其操作步骤如下：

步骤 1：选定幻灯片中的具体文本框位置，选择"插入"→"日期和时间"命令，弹出如图 6-36 所示的对话框。

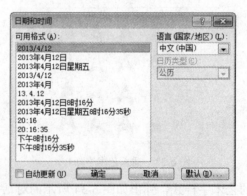

图 6-36　"日期和时间"对话框

步骤 2：设置日期和时间，单击"确认"按钮。

考点 14：插入超链接

本知识点为新增考点，其操作步骤如下：

步骤 1：选中要插入超链接的对象，在"插入"菜单中找到"超链接"命令并执行，弹出如图 6-37 所示的对话框。

步骤 2：在"查找范围"选项中选择要链接的文件所在的位置，如选定"当前文件夹"

选项并在最左侧选择"本档中的位置"选项，则可以直接链接到当前所在文件中的另外一张幻灯片。

图 6-37 "插入超链接"对话框

步骤 3：单击"确定"按钮。

考点 15：为幻灯片添加备注

本知识点为新增考点，其操作步骤如下：

单击幻灯片下方有着"单击此处添加备注"字样的区域（备注区），直接输入备注内容。

# 第四节 素质拓展

## PowerPoint 2010 使用技巧

1. 翻转的立方体效果

我们要做的是一个可以翻转的立方体。实现这一效果的基本思路是：在同一位置画出几个依次转动一定角度的立方体，并使第一个立方体显示后便马上"消失"，以后的每个立方体在前一个立方体消失后马上显示出来，然后再"消失"。这些动作连续起来就形成了一个翻转的立方体。具体实现方法如下：

（1）利用"绘图"工具中的"自选图形"选项在幻灯片中画出一个立方体，然后单击右侧窗格中"添加效果"下拉按钮，在弹出的菜单中选择"退出"→"消失"。

（2）现在做第二个立方体。右键单击第一个立方体，在快捷菜单中选择"复制"命令，然后再次右键单击该立方体，在快捷菜单中选择"粘贴"命令，这样便有了两个立方体（这里之所以采用复制、粘贴的方法做第二个立方体，是为了保证与第一个立方体大小一致）。现在移动第二个立方体使之与前一个立方体完全重合，然后拖动第二个立方体的旋转控点（绿色的小圆圈）把它旋转一个较小的角度，这样第二个立方体就做好了。

最后为它设置动画效果：首先选定该立方体，在"自定义动画"中的"开始"栏中选择"之后"，这样它就会在前一个动作（即第一个立方体的"消失"动作）之后显示。单击"添加效果"下拉按钮，在弹出的菜单中选择"进入"→"出现"，再次单击"添加效果"下拉按钮，在弹出的菜单中选择"退出"→"消失"，这样第二个立方体就完全做好了。

（3）其他各个立方体全部照此办理，只是最后一个立方体不要为其设置"退出"动画效果。

现在放映幻灯片，你会发现立方体的翻转效果还是十分逼真的。

2. 在 PowerPoint 2010 中创建一个摘要幻灯片

在创建完成一个 PowerPoint 2010 演示文稿后，你可能需要添加一个简介、一个议程或小结。PowerPoint 2010 提供了向现有演示文稿中快速添加摘要幻灯片的方法。该幻灯片可以重命名为简介或议程，或者你也可以把它复制到演示文稿的末尾并重命名为小结或复习。

利用其他幻灯片的标题创建摘要幻灯片的操作方法：

打开需要添加摘要幻灯片的演示文稿，单击"视图"菜单中的"幻灯片浏览"，在幻灯片浏览视图中选择你所需幻灯片的标题。要想同时选择多个幻灯片，你必须在选择的同时按住 Ctrl 键（记住选择那些最能概括该演示文稿的幻灯片）。单击幻灯片浏览工具栏上的"摘要幻灯片"按钮，PowerPoint 2010 将利用所选幻灯片的标题创建名为"摘要幻灯片"的新幻灯片，该幻灯片将出现在所选幻灯片的前面。双击编辑该幻灯片，你可以更改标题、编辑现有项或添加新项。

3. 控制播放过程

在播放幻灯片的过程中，我们一般是利用右键菜单中的"上一张""下一张"命令来翻页，这样会在屏幕上出现菜单，显得不美观，事实上你可以采用以下的方法来进行翻页。

（1）利用热键：利用键盘上的 PageUp 与 PageDown 按键直接实现上翻一页与下翻一页。

（2）定位的方法：若幻灯片中有多处"超级链接"，一旦误操作，可能不是误差一页的问题，若利用 PageUp 与 PageDown 热键来翻页显然不方便。在播放过程中，可以通过键盘输入数字（幻灯片的序号）后回车，直接定位到指定的幻灯片。

4. 利用 PowerPoint 2010 上网

运行 PowerPoint 2010 时也可轻松上网，而不用打开 IE 浏览器。方法是:在"幻灯片"视图下，单击"视图"→"工具栏"→"Web"可发现在工具栏上有地址栏，在此地址栏中输入地址即可上网。另外，它还将 IE 中浏览过的地址也记录于其下，做到了完全与 IE 的兼容。

# 第七章　网络基础知识和简单应用

## 第一节　学习大纲

### 一、学习目标

- 掌握计算机网络的基本概念
- 掌握因特网的初步知识
- 了解因特网的常用服务功能

### 二、重点内容

- 因特网的初步
- 因特网的服务功能
- 邮件发送
- 页面保存为文本文件

### 三、难点

- 计算机网络的基本概念

## 第二节　计算机网络的基本概念

计算机网络是通信技术与计算机技术高度融合的一门交叉学科，对信息具有很强的传输、存储与处理能力，尤其是随着因特网的出现和迅速发展，计算机网络目前已成为获得信息的最快手段。可以说，网络社会化、社会网络化已经成为当今社会发展的必然趋势。

### 一、计算机网络的定义和功能

计算机网络是为适应客观实际的需要，在计算机技术和通信技术高速发展与密切结合的条件下产生的。随着计算机技术与通信技术的不断发展，计算机在各行业都得到广泛应用，特别是随着微电子技术的发展，芯片的价格越来越低，使得计算机应用更为普及。为了提高计算机的应用效率，考虑把这些地理上分散的计算机相互连接起来，提供一种有效地传输、存储、处理和查询信息的手段，充分发挥计算机与信息本身的作用，给用户提供方便，这就产生了建立计算机网络的初衷。

所谓计算机网络是指分布在不同地理位置上的具有独立功能的多个计算机系统，通过通信线路和通信设备相互连接起来，在网络软件的管理下实现数据传输和资源共享的系统。

计算机网络综合应用了几乎所有的现代信息处理技术、计算机技术、通信技术的研究成果，把分散在广泛领域中的许多信息处理系统连接在一起，组成一个规模更大、功能更强、可靠性更高的信息综合处理系统。

分析计算机网络的功能，主要有以下几点：

（1）资源共享

在计算机网络中，资源包括计算机软件和硬件以及要传输和处理的数据。资源共享是计算机网络的最基本功能之一，也是早期建网的初衷。所谓资源共享就是指网络中各计算机的资源可以互相通用。这样可以减少信息冗余，节约投资，提高设备利用率。比如，在一个办公室里的几个计算机可以通过局域网共用一台打印机（如图7-1所示）。又如，同一个企业或公司的人员可以通过局域网共享数据库中的信息，这样既保证数据的安全性又保证了数据的一致性。

图7-1　共享资源

（2）数据传输

数据传输是计算机网络最主要的功能之一。计算机网络为用户提供了通信的功能，利用网络可以方便地实现远程文件和多媒体信息的传输，特别是在当今的信息化社会中，随着人们对信息的快速性、广泛性与多样性要求的不断提高，网络数据传输的这一功能显得越来越重要，也为人们工作生活提供了前所未有的方便。例如，电子邮件、远程文件传输、网上综合信息服务以及电子商务等就是人所共知的例子。

（3）建立计算机网络

建立计算机网络可以大大提高系统的可靠性，这是因为计算机在单机运作时，不可避免地会产生故障，如果没有备用机，系统便无法开展正常工作。而在计算机网络中，由于设备彼此相连，当一台机器出现故障时，可以通过网络寻找的其他机器来代替本机工作。

（4）分布式处理

在计算机网络中，可以将某些大型处理任务转化成小型任务而由网络中的各计算机分担处理。例如，用户可以根据任务的性质与要求选择网络中最合适而又最经济的资源来处理。此外，利用网络技术还能够把许多小型机或微型机连接成具有高性能的计算机系统，使其具有解决复杂问题的能力，从而降低费用。

**二、数据通信的几个基本概念**

1．数据、信息和信号

（1）数据

数据是描述物体的数字、字母或符号，有模拟数据和数字数据之分。

模拟数据是指在某个区间内连续变化的值。例如，声音和视频是幅度连续变化的波形，温度和压力（传感器收集的数据）也是连续变化的值。

数字数据在某个区间内是离散的值。例如，文本信息和整数等。

（2）信息

信息是人脑对客观物质的反映，既可以是对物质的形态、大小、结构、性能等特性的描述，也可以是物质与外部的联系。信息是对数据的解释，是经过处理了的数据，涉及的是这些数据的内容和解释。

（3）信号

信号是数据在传输过程中的表示形式，是用于传输的电子、光或电磁编码，信号分为模拟信号和数字信号。

模拟信号（也称为连续信号）是一种连续变化的信号，可以用连续的电波表示，声音就是一种典型的模拟信号。随时间连续变化的电流、电压或电磁波也是模拟信号的一种。用模拟信号表示要传输的数据，是指利用其某个参量（如幅度、频率或相位等）的变化来表示数据，如图 7-2 所示。

数字信号（也称为离散信号）是一系列离散的脉冲序列，通常用一个脉冲表示一位二进制数。用数字信号表示要传输的数据，是指利用其某一瞬间的状态来表示数据，如图 7-3 所示。

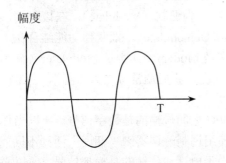

图 7-2  模拟信号

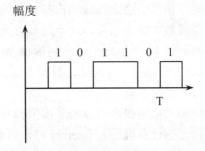

图 7-3  数字信号

（4）信息、数据和信号三者之间的联系

数据是信息的载体，信息是数据的内容和解释，而信号是数据的编码。

2. 信道和带宽

（1）信道

传输信息的必经之路称为"信道"，一条传输线路上可以存在多个信道。在计算机中有所谓物理信道和逻辑信道之分。物理信道是指用来传送信号或数据的物理通路，网络中两个结点之间的物理通路称为通信链路，物理信道由传输介质及有关设备组成。逻辑信道也是一种通路，但在信号收、发点之间并不存在一条物理上的传输介质，而是在物理信道基础上，由结点的内部来实现。通常把逻辑信道称为"连接"。

（2）带宽（Bandwidth）与数据传输速率

在模拟信道中，以宽带表示信道传输信息的能力。

在数字信道中，用数据传输速率（比特率）表示信道的传输能力，即每秒传输的二进制数（bps），单位为 bps、kbps、Mbps 或 Gbps。

信号带宽指信号的频率范围，而信道带宽是信道上能够传输信号的最大频率范围。注意，信号带宽不能大于信道带宽，否则信号在信道上无法实现通信。

（3）误码率

误码率是指在信息传输过程中的出错率，是通信系统的可靠性指标。在计算机网络系统中，一般要求误码率低于 $10^{-6}$，即百万分之一。

3. 数据通信与数据传输

（1）数据通信

数据通信是两个实体间数据的传输和交换。

（2）数据传输

数据传输是传输处理信号的数据通信，将源站的数据编码成信号，沿传输介质传播至目的站。数据传输的品质取决于被传输信号的品质和传输介质的特性。

（3）码元

码元是对于网络中传送的二进制数字中每一位的通称，也常称作"位"或 bit。例如，1010101 共有 7 个位。

（4）调制解调器

电子信号分两种，一种是"模拟信号"，一种是"数字信号"。在发送端，将数字脉冲信号转换成能在模拟信道上传输的模拟信号，此过程称为调制（Modulate）；在接收端，再将模拟信号还原成数字脉冲信号，这个过程称为解调（Demodulate）。把两种功能结合在一起的设备称为调制解调器（Modem）。调制解调器的英文是 Modem，其实是 Modulator（调制器）与 Demodulator（解调器）的简称，根据 Modem 的读音，我们通常称之为"猫"。它是模拟信号和数字信号的"翻译员"。

我们使用的电话线路传输的是模拟信号，而 PC 之间传输的是数字信号。所以当你想通过电话线把自己的计算机连入 Internet 时，就必须使用调制解调器来"翻译"两种不同的信号。连入 Internet 后，当 PC 向 Internet 发送信息时，由于电话线传输的是模拟信号，所以必须要用调制解调器来把数字信号"翻译"成模拟信号，才能传送到 Internet 上，这个过程叫作"调制"。当 PC 从 Internet 获取信息时，由于通过电话线从 Internet 传来的信息都是模拟信号，所以 PC 想要看懂它们，还必须借助调制解调器这个"翻译"，这个过程叫作"解调"。总的来说就称为"调制解调"。

（5）数据传输速率

数据传输速率指通信线上传输信息的速度。有两种表示方法，即信号速率和调制速率。

信号速率 S：指单位时间内所传送的二制位代码的有效位数，以每秒多少比特数计，即 bps。

调制速率 B：是脉冲信号经过调制后的传输速率，以波特（Baud）为单位，通常用于表示调制器之间传输信号的速率。

S 与 B 的关系：$S=B\times\log_2 N$，其中 N 为一个脉冲信号所表示的有效状态。

（6）信息容量

指信道能传输信息的最大能力，一般以单位时间内最大可传送信息的 bit 数表示。实用中，信道容量应大于传输速率，否则高的传输速率得不到充分发挥利用。

（7）数字通信系统

在通信媒体上传输数字信号的通信系统，其抗干扰性优于模拟系统，便于集成化，频带轻宽。对于远程通信，数字信号发送不像模拟信号发送那样用途广泛和实用，例如，数字信号发送不可能用卫星系统和微波系统。然而，无论在价格方面还是质量方面，数字传输都比模拟传输优越，因此，远程通信系统正在逐步采用数字传输方式传输声音数据和数字数据。

### 三、计算机网络的组成

从系统功能的角度看，计算机网络主要由资源子网和通信子网两部分组成。资源子网与通信子网的关系如图 7-4 所示。

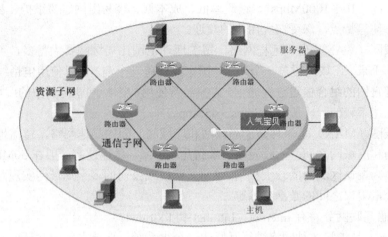

图 7-4　资源子网与通信子网

资源子网主要包括：连网的计算机、终端、外部设备、网络协议及网络软件等。其主要任务是收集、存储和处理信息，为用户提供网络服务和资源共享等。

通信子网即把各站点互相连接起来的数据通信系统，主要包括：通信线路（即传输介质）、网络连接设备（如通信控制处理器）、网络协议和通信控制软件等。其主要任务是连接网络上的各种计算机，完成数据的传输、交换和通信处理。

这是早期的网络组成结构，它将分布在各大城市中的大型或中型计算机通过远程通信线路和通信控制处理机（Communication Control Processor）连接起来，构成计算机网络，实现资源共享，按现代网络分类的概念，它属于广域网一类。

随着微型计算机和局域网技术的迅速发展和广泛应用，网络结构也随之发生变化，通过路由器实现局域网与局域网、局域网与广域网、广域网与广域网的互联，可以构成大型的互联网络。

### 四、计算机网络的分类

对于计算机网络，依据划分方法有不同的分类，最常见的有以下几种分类方法：

（1）按照运营方式分为公用网和专用网。所谓公用网是国家电信网的主体，是电信部门主管经营和建设的，在许多国家则是由政府或私人公司建设并且租给希望获得服务的机构或个人；专用网是由某个部门兴建供自己部门应用的网络，如铁路网、军队网、民航网和银行网等。当然，随着行业垄断的不断被打破和人们经营思想的不断更新，很多部门的专用网络也希望向外界提供租用服务，因此，公用网和专用网之间的界限正在缩小。

（2）按照服务和使用范围来区分，计算机网又常被分为主干网、本地网和接入网等。

（3）按照网络覆盖的地理范围分类，可把计算机网络分为局域网（Local Area Network，LAN）、广域网（Wide Area Network，WAN）和城域网（Metropolitan Area Network，MAN）三类，这是最普遍采用的分类方法。

- 局域网（LAN）是一种在小区域内使用的网络，其传输距离一般在几千米之内，最大距离不超过 10 千米。它是在微型计算机大量推广后被广泛使用的，适合于一个部门或一个单位组建的网络，例如在一个办公室、一幢大楼或校园内。局域网具有传输速率高（10～1000Mbps）、误码率低、成本低、容易组网、易维护、易管理、使用灵活方便等特点，深受广大用户的欢迎。

- 广域网（WAN）也叫远程网络，覆盖地理范围比局域网要大得多，可从几十千米到几千千米。广域网覆盖一个地区、国家或横跨几个洲。可以使用电话线、微波、卫星，或者它们的组合信道进行通信。大家经常使用的因特网就是典型的广域网。广域网的传输速率较低，一般在 96kbps～45Mbps。

- 城域网（MAN）是一种介于局域网和广域网之间的高速网络，覆盖地理范围介于局域网和广域网之间，一般为几千米到几十千米，传输速率一般在 50Mbps 左右。其用户多为在该区域内的较大机构、企业、院校或公司的多个局域网实现互联的需要和实现大量用户之间的数据传输等。

（4）按照互联网分，有 Internet、Intranet 和 Extranet。

- Internet 是指将各种网络进行互联的一个大系统，在该系统中，任何一个用户都可使用网络的线路或资源。目前，Internet 已经发展到全球的范围，包含了成千上万个相互协作的组织及网络的集合。Internet 的发展速度之快以至于很难有人能说出它到底包含了多少用户，而且现在仍以惊人的速度扩展着。

- Intranet 是企业内部网络，它是随着 Intranet 的发展，在企业内部使用 TCP/IP 的组网技术以及环球网 WWW 的工具而建立的网络。该网具有与 Internet 相连接的功能，采用防止外界侵入的安全措施，为企业内部的管理和数据传输服务。可以说，它是 Internet 的更小版本。

- Extranet 是指跨越整个企业组织边界的网络，它允许网络外部的用户通过 Internet 访问一个 Intranet 的内容。

（5）按照传输速率的高低有窄带和宽带之分。窄带网络是指业务上仅提供单一的话音业务为主的、带宽小于 64kbps 的网络；宽带指的是能够提供多媒体的业务，且带宽大于 2Mbps 的网络。

### 五、网络的拓扑结构

以局域网为例，它的网络拓扑结构主要有星型、环型和总线型等几种。按照网络的拓扑结构来分，常见的有以下几种：

（1）环型结构

从图 7-5（a）中可以看出，环型结构中各设备经环路节点级联成环型。信息流一般为单向，线路是共用的，采用分布控制方式。这种结构常用于计算机局域网中，有单环和双环之分，双环的可靠性明显优于单环。

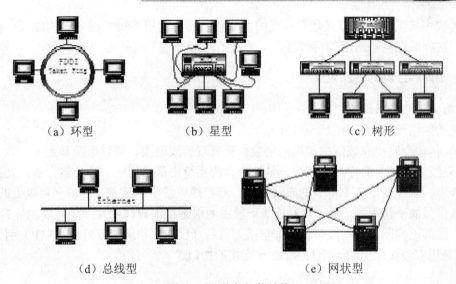

（a）环型　　　　　　　　　（b）星型　　　　　　　　　（c）树形

（d）总线型　　　　　　　　　　　　　（e）网状型

图 7-5　网络的拓扑结构

（2）星型结构

星型结构是最早的通用网络拓扑结构形式，其中每个站点都通过连线（例如电缆）与主控机相连，相邻站点之间的通信都通过主控机进行，所以，要求主控机有很高的可靠性，这是一种几种控制方式的结构。

从图 7-5（b）中可以看出，星型结构中每个终端均通过单一的传输链路与中心交换节点相连，具有结构简单，建网容易且易于管理的特点。优点是结构简单，控制处理也较为简便，增加工作站点容易；缺点是中心处理机负载过重，一旦主控机出现故障，会导致整个网络瘫痪，可靠性差。另外，每一节点均有专线与中心节点相连，使得线路利用率不高，信道容量浪费较大。

（3）树型结构

树型结构如图 7-5（c）所示，它是一种分层网络，适用于分级控制系统。树型结构的同一线路可以连接多个终端，与星型结构相比，具有节省线路、成本较低和易于扩展的特点，缺点是对高层节点和链路的要求较高。

（4）总线型结构

总线型结构如图 7-5（d）所示，它是通过总线把所有节点连接起来，从而形成一条共享信道。网络中各个工作站均经一根总线相连，信息可沿两个不同的方向由一个站点传向另一个站点。这种结构的优点是工作站连入或从网络中卸下都非常方便，扩展十分容易，系统中某个工作站出现故障也不会影响其他站点之间的通信，系统可靠性较高，结构简单，成本低。缺点是总线的传输距离有限，信息范围受到限制，故障诊断和隔离较困难等。该结构是目前局域网中普遍采用的形式。

（5）网状型结构

网状型结构又称分布式结构，如图 7-5（e）所示，该结构是由分布在不同地点且具有多个终端的节点互连而成的。从网状型结构图中可以看出，网中任一节点均至少与两条线路相连，当任意一条线路发生故障时，通信可转经其他链路完成，具有较高的可靠性。同时，网络易于扩充。缺点是网络控制机构复杂，线路增多使成本增加。

在现实中常见的组网方式是多样式的而非单一的，利用多种组网方式构建成一种复合型的网络，这样既提高了网络的可靠性，又节省了链路。

### 六、组网和连网的硬件设备

1. 局域网的组网设备

常见的网络硬件设备有以下三种：

（1）传输介质：局域网中常用的传输介质有双绞线电缆、同轴电缆和光纤。

1）双绞线电缆（简称为双绞线）是综合布线系统中最常用的一种传输介质，尤其在星型网络拓扑中，双绞线是必不可少的布线材料。双绞线电缆中封装着一对或一对以上的双绞线，为了降低信号的干扰程度，每一对双绞线一般由两根绝缘铜导线相互缠绕而成。图7-6所示是双绞线电缆的结构图。双绞线可分为非屏蔽双绞线（UTP）和屏蔽双绞线（STP）两大类。图7-7所示是用双绞线做出的一个与Modem连接的接口。

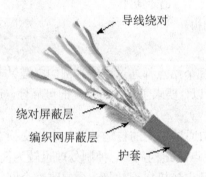

导线绕对

绕对屏蔽层

编织网屏蔽层

护套

图7-6　双绞线电缆的结构图

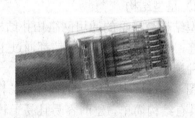

图7-7　连接Modem的接口

2）同轴电缆是由一根空心的圆柱网状铜导体和一根位于中心轴线的铜导线组成，铜导线、空心圆柱导体和外界之间用绝缘材料隔开，图7-8所示是同轴电缆的结构图。

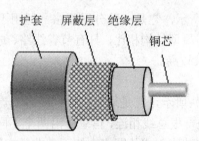

护套　　屏蔽层　　绝缘层

铜芯

图7-8　同轴电缆的结构图

- 铜芯：是中心导线，用于传输电信号。
- 绝缘层：用的是绝缘材料，起着隔离中心导线与屏蔽层的作用。
- 屏蔽层：用于接地、屏蔽线缆外的电磁干扰和减小内部信号的辐射。
- 护套：是绝缘外套，起着与外界隔离的作用。

与双绞线相比，同轴电缆的抗干扰能力强，屏蔽性能好，所以常用于设备与设备之间的连接，或用于总线型网络拓扑中。根据直径的不同，同轴电缆又分为细缆和粗缆两种，如图7-9和图7-10所示。

图 7-9　细同轴电缆　　　　　　　　　　　　图 7-10　粗同轴电缆

3）光纤

光纤（又称为光缆）是光导纤维的简写，是一种利用光在玻璃或塑料制成的纤维中的全反射原理而达成的光传导工具。它是一种细小柔软并能传导光线的介质，玻璃和塑料都可以用来制作光纤，光纤的结构如图 7-11 所示。

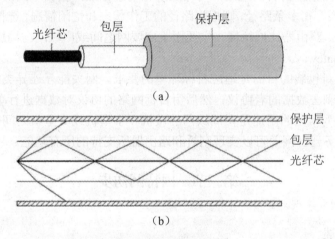

图 7-11　光纤的结构

- 光纤芯：由一根或多根非常细的由玻璃或塑料制成的纤维组成。每根纤维都由各自的包层包着。
- 包层：玻璃或塑料的涂层，具有与纤芯不同的光学特性。
- 保护层：包着一根或一束已加包层的纤维，由分层的塑料和其附属材料制成，防止外部的损害。

（2）网卡

网卡（Network Interface Card，NIC），又称网络适配器，是连接计算机与网络的硬件，是构成网络的必需基本设备。无论是双绞线连接、同轴电缆连接还是光纤连接，都必须借助于网卡才能实现数据的通信。因此，每台连接到局域网的计算机（客户机或服务器）都需要安装一块网卡，通常网卡都插在计算机的扩展槽内。

（3）集线器（Hub）

集线器是局域网的基本连接设备，集线器的主要功能是对接收到的信号进行再生整形放大，以扩大网络的传输距离，同时把所有节点集中在以它为中心的节点上。在传统的局域网中，连网的节点通过双绞线与集线器连接，构成物理上的星型拓扑结构。目前，市场上的集线器有独立式集线器、堆叠集线器和智能型集线器等。

2. 网络互连设备

随着对网络技术需求的不断提高，网络互连技术也不断发展。根据不同的技术要求，网络互连设备有：网桥、路由器和网关等。

（1）网桥（Bridge）

网桥是实现同类型局域网之间互连的设备，可以达到扩大局域网的覆盖范围和保障各局域子网的安全的目的。交换机就是网桥。

（2）路由器（Router）

路由器可以支持同类型或不同类型局域网之间的互连，支持局域网与广域网的互连。局域网与广域网的互连是当前网络互连的一种常见的方式。路由器是实现局域网与广域网互连的主要设备。

路由器用于检测数据的目的地址，对路径进行动态分配，根据不同的地址将数据分流到不同的路径中。如果存在多条路径，则根据路径的工作状态和忙闲情况，选择一条合适的路径，动态平衡通信负载。路由器比网桥慢，主要用于广域网之间或广域网与局域网的互连。

（3）网关（Gateway）

网关把信息重新包装的目的是适应目标环境的要求。网关能互连异类的网络，能从一个环境中读取数据，剥去数据的老协议，然后用目标网络的协议对数据进行重新包装。

网关的一个较为常见的用途是在局域网的微机和小型机或大型机之间作翻译，它的典型应用是网络专用服务器。网关可以实现网桥和路由器所支持的所有功能。

# 第三节　因特网初步

## 一、因特网概述

1. 什么是因特网

迄今为止，"什么是因特网？"还没有一个统一的、严格的定义。但是可以这样来理解，因特网是通过路由器将世界不同地区、规模大小不一、类型不同的网络互相连接起来的网络，是一个全球性的计算机互联网络，音译为"因特网"，也称"国际互联网"。它是一个信息资源极其丰富、世界上最大的计算机网络。

Internet 是全球性的网络集成，而网络则是由两台或多台计算机（一般为几十台或几百台）通过特殊的电缆相互连接而成。这样，网上的计算机能够共享消息、信息、数据、程序。这种网络大多属于大型的机构，如政府部门、军队、大学、科技研究实验室或者公司。而 Internet 的任务就是用高速电话线、光缆或卫星将这些网络连接起来。因此有些人也将国际互联网（Internet）称为"网间网"。

2. 因特网提供的服务

因特网之所以受到大量用户的青睐，是因为它能够提供丰富的服务，主要包括：

（1）电子邮件（E-mail）

电子邮件是因特网的一个基本服务。通过因特网和电子邮件地址，通信双方可以快速、方便和经济地收发电子邮件。而且电子邮箱不受用户所在的地理位置限制，只要能连接上因特网，就能使用电子邮箱。正因为它具有省时、省钱、方便和不受地理位置限制等优点，所以它是因特网上使用得最多的一种服务。

（2）文件传输（FTP）

文件传输为因特网用户提供在网上传输各种类型的文件的功能，它是因特网的基本服务之一。FTP 服务分普通 FTP 服务和匿名 FTP 服务两种。普通 FTP 服务向注册用户提供文件传输服务，而匿名 FTP 服务能向任何因特网用户提供核定的文件传输服务。

（3）远程登录（Telnet）

远程登录是一台主机（主机 1）的因特网用户使用另一台主机（主机 2）的登录账号和口令与该主机（主机 2）实现连接，作为它（主机 2）的一个远程终端使用该主机（主机 2）的资源服务。

（4）万维网（WWW）交互式信息浏览

万维网是因特网的多媒体信息查询工具，是因特网上发展最快和使用最广的服务。它使用超文本和链接技术，使用户能以任意的次序自由地从一个文件跳转到另一个文件，浏览或查阅各自所需的信息。

## 二、TCP/IP 协议

TCP/IP（Transmission Control Protocol/Internet Protocol）的中文译名为传输控制协议/因特网互联协议，又叫网络通信协议，这个协议是 Internet 最基本的协议，也是 Internet 国际互联网络的基础，简单地说它是由网络层的 IP 协议和传输层的 TCP 协议组成的。它是通过路由器将不同类型的物理网互连在一起构成了虚拟网络。

TCP/IP 采用 TCP/IP 协议控制各网络之间的数据传输，采用分组交换技术传输数据，是用于计算机通信的一组协议，而 TCP 和 IP 是这众多协议中最重要的两个核心协议。TCP/IP 由网络接口层、网络层、传输层和应用层四个层次组成。其中，网络接口层是最底层，包括各种硬件协议，面向硬件；应用层面向用户，提供常用的应用程序，如电子邮件、文件传送等。

TCP/IP 通常被认为是一个四层协议：网络接口层（物理层）、网络层、传输层、应用层，如图 7-12 所示。

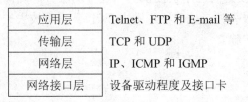

| 应用层 | Telnet、FTP 和 E-mail 等 |
| 传输层 | TCP 和 UDP |
| 网络层 | IP、ICMP 和 IGMP |
| 网络接口层 | 设备驱动程度及接口卡 |

图 7-12　TCP/IP 协议的四层协议

（1）IP 协议

IP 是 Internet Protocol 的简写，中文译名为网际协议地址，是一种在 Internet 上的给主机编址的方式。IP 协议位于网络层，主要将不同格式的物理地址转换为统一的 IP 地址，将不同格式的帧转换为 IP 数据报，向 TCP 协议所在的传输层提供 IP 数据报，实现无缝连接数据传送；IP 的另一个功能是数据报的路由选择，简单地说，路由选择就是在网上从一个端点到另一个端点的传输路径的选择，将数据从一地传输到另一地。

IP 地址就是给每个连接在 Internet 上的主机分配的一个 32bit 的地址。按照TCP/IP 协议规定，IP 地址用二进制来表示，每个 IP 地址长 32bit，比特换算成字节，就是 4 个字节。例如一个采用二进制形式的 IP 地址是 00001010000000000000000000000001，这么长的地址，人们处理起来很不方便。为了便于人们的使用，IP 地址经常被写成十进制的形式，中间使用符号"."分开不同的字节。于是上面的 IP 地址可以表示为 10.0.0.1"。IP 地址的这种表示法叫作点分十进制表示法，这显然比 1 和 0 容易记忆得多。

IP 地址包括网络地址和主机地址。为了适合各种不同大小规模的网络需求，IP 地址被分为 A、B、C、D、E 五大类，如图 7-13 所示。其中 A、B、C 类是可供 Internet 网络上的主机使用的 IP 地址，而 D、E 类是供特殊用途的 IP 地址。A 类的 IP 地址适合于超大型的网络，B 类的 IP 地址适合于大、中型网络，C 类的 IP 地址适合于小型网络，D 类的 Network ID 用于多点播送，E 类是用于将来扩展用的 Network ID。

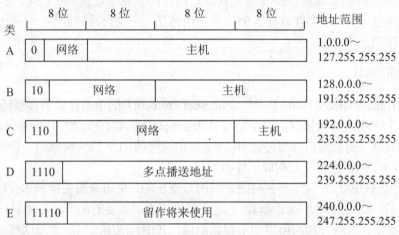

图 7-13　IP 地址分类

（2）TCP 协议

TCP 是 Transmission Control Protocol 的简写，中文译名为传输控制协议/因特网互联协议。TCP 协议位于传输层，主要是向应用层提供面向连接的服务，确保网上所发送的数据报可以完整地被接收，一旦数据报丢失或被破坏，则由 TCP 负责将被丢失或被破坏的数据报重新传输一次，实现数据的可靠传输。

### 三、IP 地址和域名

（1）IP 地址

如上所述，因特网是通过路由器将不同类型的物理网互连在一起的虚拟网络。为了使信息能准确地传送到网络的指定站点，像每一部电话具有一个唯一的电话号码一样，各站点的主机（包括路由器）都必须有一个唯一的可以识别的地址，称为 IP 地址。

因特网是由许多个物理网互连而成的虚拟网络，一台主机的 IP 地址由网络号和主机号两部分组成。IP 地址的结构如图 7-14 所示。

IP 地址用 32 个比特（4 个字节）表示。为便于管理，将每个 IP 地址分为四段（一个字节一段），用三个圆点隔开的十进制整数表示。每个十进制整数的范围是 0～255。

| 网络号 | 主机号 |
| --- | --- |

图 7-14　IP 地址的结构

例如，202.112.125.50 和 202.204.55.1 都是合法的 IP 地址。

由于网络中 IP 地址很多，所以又将它们分为不同的类，即把 IP 地址的第一段进一步划分为五类：0 到 127 为 A 类；128 到 191 为 B 类；192 到 223 为 C 类，D 类和 E 类留作特殊用途。

（2）域名 DNS

直接使用大量数字形式的 IP 地址访问 Internet 中的主机非常繁琐。1985 年产生了 Internet 域名系统（Domain Name System，DNS），允许使用域名（名字）代替 IP 地址，并能将域名翻译成 IP 地址。域名类似于英文格式的字符串，并用"."分隔成多个域，每个字符都有一定的意义，书写有一定的规律，且完整的域名不超过 255 个字符。例如：www.sina.com.cn 就是一个域名。Internet 上包含了数百万台主机，为在 Internet 上唯一标识主机，DNS 也与 IP 地址结构一样，采用了典型的层次结构。域名只是一个逻辑概念，并不反映主机的物理位置。域名只是为了方便人们的使用，但 IP 协议不直接使用域名。

Internet 的域名结构：

域名系统既不限制一个域名包含下级域名的个数，也不规定每一级域名的含义。各级域名由其上级域名管理机构管理，最高的顶级域名则由 Internet 相关机构管理。顶级域名 TLD（Top Level Domain）即域名最右端的部分分为三类：通用顶级域名（Generic TLD）表示组织机构类型，也称为"组织域"；国家顶级域名（n TLD）表示国家或地理位置，也称为"国家域"或"地理域"；逆向域（Inverse Domain），主要用于在需要时将 IP 地址映射为域名。表 7-1 列出了主要的组织域名。

表 7-1　主要组织域名

| 域名代码 | 域名类型 |
| --- | --- |
| COM | 商业组织 |
| EDU | 教育机构 |
| GOV | 政府机关 |
| MIL | 军事部门 |
| NET | 主要网络支持中心 |
| ORG | 其他组织 |
| INT | 国际组织 |
| INFO | 非盈利机构 |
| \<countrycode\> | 国家代码（地理域名） |

### 四、因特网的接入方式

1. 因特网的接入方式

因特网的接入方式通常有专线连接、局域网连接、无线连接和电话拨号连接四种。其中电话拨号连接对众多个人用户和小单位来说，是经济、简单、采用最多的一种接入方式。直接用电话线接入因特网不能兼顾上网和通话，而且上网速度慢。ISDN（综合业务数字网）用在 Internet 的接入中，即所谓的"一线通"业务。它可以既通话又上网，两不耽误，但速率低，目前也已不被采用。当前，用电话线接入因特网的主流技术是 ADSL（非对称数字用户线）接入技术，其非对称性表现在上、下行速率的不同，高速下行信道向用户传送视频、音频信息，速率一般在 1.5Mbps～8Mbps，低速上行速率一般在 16kbps～640kbps。ADSL 技术对使用宽带业务的用户来说是一种经济、快速的接入方式。

Internet 的接入方式具体介绍如下：

（1）添加拨号网络

在控制面板窗口中，双击"添加/删除程序"项图标，打开"添加/删除程序"属性对话框。单击 Windows 安装程序选项卡，在组件列表中选择"通信"项，单击"详细资料"按钮，弹出"通信"对话框，选中拨号网络左侧的复选框，单击"确定"按钮。重新启动计算机后，我的计算机窗口中就会新增加了一个拨号网络图标。

（2）拨号连接向导

执行"开始"→"程序"→"附件"→"通信"→"Internet 连接向导"命令来运行 Internet 连接向导。如果您没有设置过拨号连接，那么在计算机桌面上会有一个连接到 Internet 图标，双击该图标即可运行 Internet 连接向导，选择第一项"注册新的 Internet 账号"。单击"下一步"按钮继续，选取通过电话线和调制解调器连接方式，单击"下一步"，Internet 账号连接信息对话框中可以设置接入 ISP 的电话号码，如果还要配置连接属性，可单击"高级"按钮，在"高级连接属性"对话框中可以设置连接类型和 ISP 的地址等信息，设置好后，单击"确定"按钮。Internet 账号登录信息对话框中输入用户名称及密码，单击"下一步"按钮继续。在配置您的计算机对话框中，您可以设置连接到 Internet 所使用的连接名（该名称可以是用户的 ISP 提供的，也可以是用户任意定义的），单击"下一步"按钮，可继续进行电子邮件的设置。除了设置拨号连接的账号外，用户还需要设置电子邮件的账号，以便接收和发送电子邮件。设置 Internet Mail 账号对话框中，选择"否"，单击"下一步"按钮继续。

（3）连接到 Internet

双击拨号网络图标，弹出拨号网络窗口，双击建立好的连接图标，弹出"连接到"对话框。在用户名对话框中输入 Internet 供应商提供的用户名，如 169；在口令对话框中输入 Internet 供应商提供的口令。为了口令的安全，用户输入的任何信息计算机都将会以*显示。信息输入完成，找到"连接"按钮，单击鼠标，计算机通过调制解调器，根据用户对拨号网络设置的参数开始与 Internet 服务供应商进行连接。连接成功之后，计算机自动弹出拨号后终端屏幕对话框，如果在建立连接的过程中出错，系统会说明没有建立连接的原因，您可以根据其中所列原因，改正后再进行连接。如果拨号连接成功，系统会指明已经建立的连接。单击"关闭"按钮，窗口将被最小化。在任务栏中会出现连接图标，双击该图标会出现一个窗口，其中会列出连接速度、连接时间，以及收到和发送的字节数。单击"断开连接"按钮，计算机将断开与 Internet 之间的连接。单击右上角的"关闭"按钮，窗口将最小化。

2．ADSL 连接因特网的步骤

采用电话拨号连接的具体步骤如下：

采用 ADSL 接入因特网，除了一台带有网卡的计算机和一条直拨电话线外，还应向电信部门申请 ADSL 业务。由相关服务部门负责安装话音分离器、ADSL 调制解调器和拨号软件。完成安装后，就可以根据电信部门提供的用户名和口令拨号上网了。

# 第四节　因特网的服务功能

## 一、万维网（WWW）服务

在网上浏览各种信息是因特网最普遍、最受欢迎的应用之一。用户可以随心所欲地在信息的海洋中冲浪，获取各种有用的信息。在开始使用浏览器上网浏览之前，再简单介绍几个与浏览相关的概念。

1. 相关概念

（1）万维网

万维网（World Wide Web，WWW）是一种建立在因特网上的全球性的、交互的、动态的、多平台的、分布式的、超文本超媒体信息查询系统。它不是一种特殊的计算机网络，而是一个大规模、分布式的信息查询系统，可以通过一种叫作浏览器（Browser）的应用程序进行信息的检索与查看。

WWW 是 1989 年 3 月由欧洲原子核研究委员会提出的，开发它的动机是为了使分布在不同地区的物理学家们方便地协同工作。WWW 系统的结构采用了客户/服务器模式。客户端为上面所说的 WWW 浏览器，服务器端为分布在因特网各处的 WWW 服务器。各种信息资源以网页（也称为 Web 页）的形式存储在 WWW 服务器中。

（2）超文本和超链接

超文本（Hypertext）中不仅含有文本信息，而且还可以包含图形、声音、图像和视频等多媒体信息，最主要的是超文本中还包含着指向其他网页的链接，这种链接称为超链接（Hyper Link）。在一个超文本文件中可以含有多个超链接，它们把分布在本地或远地服务器中的各种形式的超文本链接在一起，形成一个纵横交错的链接网。用户可以打破顺序阅读文本的老规矩，从一个网页跳转到另一个网页进行阅读。当鼠标指针移到含有超链接的文字时，指针会变成一个手形形状，文字也会改变颜色或者加一下横线，表示此处有一链接，直接单击它就可跳转到另一相关的 Web 页。这对浏览来说就非常方便了，可以说超文本是实现浏览的基础。

（3）超文本传输协议

超文本传输协议（HTTP）是从客户/服务器模型上发展起来的，是 WWW 浏览器和服务器之间的应用协议。它规定了浏览器是如何向 WWW 服务器请求 Web 页以及 WWW 服务器是如何将 Web 页传向浏览器的。HTTP 是一种简单的无状态协议，可以传输文本文件，也可以传输其他类型的文件，如图形、图像、声音以及可执行的二进制文件。

（4）超文本标记语言 HTML

超文本标记语言（HTML）是用来创建 Web 页面的语言，它是一种规范，是一种标准，它通过标记符（tag）来标记要显示的网页的各个部分。通过在网页中添加标记符，可以告诉浏览器如何显示网页，即确定内容的格式。

（5）统一资源定位符

WWW 用统一资源定位符（Uniform Resource Locator，URL）来描述 Web 页的地址和访问它时所用的协议。

URL 的格式如下：

协议://IP 地址或域名/路径/文件名

其中：

- 协议：是服务方式或是获取数据的方法。简单地说就是"游戏规则"，如 HTTP、FTP 等。
- IP 地址或域名：是指存放该资源的主机的 IP 地址或域名。
- 路径和文件名：是用路径的形式表示 Web 页在主机中的具体位置（如文件夹、文件名等）。

（6）浏览器

浏览器是用于浏览 WWW 的工具，安装在用户端的机器上，是一种客户软件。它能够把用超文本标记语言描述的信息转换成便于理解的形式。此外，它还是用户与 WWW 之间的桥梁，把用户对信息的请求转换成网络上计算机能够识别的命令。浏览器有很多种，目前最常用的 Web 浏览器是 Netscape 公司的 Navigator 和 Microsoft 公司的 Internet Explorer（简称 IE）。用户必须在计算机上安装一个浏览器才能对 Web 页面进行浏览。

2. 浏览器的使用

打开新浪网首页，并把它设置为主页，然后在新窗口打开新闻中心首页，把它添加到收藏夹，最后查看历史记录。

（1）地址栏

双击桌面上的 Internet Explorer 图标，在地址栏输入 http://www.sina.com.cn 并按键盘上的回车键，进入新浪网首页。

（2）工具栏

单击"工具"按钮，选择"Internet 选项"命令，在弹出的"Internet 属性"对话框中的"常规"标签的"主页"一栏中，单击"使用当前页"按钮，再按"确定"按钮，把新浪网首页设置为主页。

（3）新窗口

在新浪网首页中，把鼠标移到"新闻"项，右击并在下拉菜单中选择"在新窗口中打开"命令。

（4）收藏夹的使用

用户总希望将个人喜爱的网页地址保存起来，方便以后使用。IE 提供的收藏夹提供保存 Web 页面地址的功能。

在浏览网页时，单击工具栏上的"添加到收藏夹"按钮，在弹出的"添加收藏"对话框中，单击"添加"按钮把当前网页添加到收藏夹。

收藏夹的优点：①收入收藏夹的网页地址可由浏览者给定一个简明的、便于记忆的名字，当鼠标指针指向此名字时会同时显示对应的 Web 页地址，单击该名字便可转到相应的 Web 页，省去了键入地址的操作；②收藏夹的机理很像资源管理器，管理、操作都很方便。掌握收藏夹的操作可以提高浏览网页的效率。

（5）历史按钮的使用

单击工具栏上的"历史记录"按钮可查看浏览网页的历史记录。

IE 会自动将浏览过的网页地址按日期先后保留在历史记录中，以备查用。灵活利用历史记录也可以提高浏览效率。历史记录保留期限（天数）的长短是可以设置的。如果磁盘空间充裕，保留天数可以多一些，否则可以少一些。也可以随时删除历史记录。

（6）保存页面内容

当一个页面对用户来说特别有用而想把它保存起来时，有两种方法，第一种方法是直接把页面保存起来，打开网页，用"文件"中的"另存为"命令保存网页；另一种方法就是把页面内容复制起来，打开 Microsoft Office Word 或"记事本"软件，把网页内容粘贴到打开的软件中进行保存。

使用 IE 浏览器的注意事项：

● 打开 IE 浏览器有三种方法：①使用桌面图标；②使用状态栏；③单击"开始"→"程序"。

● 菜单栏功能：所有的操作命令和相关设置命令可通过菜单栏完成。

● 标准工具栏功能：浏览网页时经常要用到的一些操作命令可在此完成。

● 地址组合框：该组合框中列出了许多新近访问过的网址，用户既可以选择其中之一进行浏览，也可以在该框中输入新的地址进行访问。该框中的地址可以是 WWW 站点或 FTP 站点。

● 设置 IE：大部分设置可以通过"Internet 属性"对话框进行。单击所要改变设置的标签页，如"常规""安全""隐私""内容""连接""程序"和"高级"等进行设置。

熟悉 IE 浏览器的使用后，尝试完成下面给出的任务。

（1）项目任务

打开网易首页，保存页面内容，再清除历史记录。

（2）任务实现

1）双击桌面上的 Internet Explorer 图标，在地址栏输入 http://www.163.com 并按键盘上的回车键，进入网易首页。

2）单击"文件"菜单，选择"另存为"命令，保存页面内容使得脱机时仍可查看网易首页的内容。

3）单击"工具"菜单，选择"Internet 选项"命令，在常规标签的浏览历史记录一栏中，单击"删除"按钮清除历史记录。

3. 搜索引擎的使用

（1）用百度搜索名为"重爱轻友.mp3"的音乐文件及同名的视频文件

1）双击桌面上的 Internet Explorer 图标，在地址栏输入 www.baidu.com 并按键盘上的回车键进入百度首页。然后选择 mp3，在搜索栏中输入"重爱轻友"，并单击 mp3 选项，按回车键搜索名为"重爱轻友.mp3"的音乐文件。

2）在百度 mp3 网页中，单击"视频"选项，按回车键搜索名为"重爱轻友"的相关视频文件。

（2）搜索引擎使用注意事项

1）搜索要诀：

● 空格：关键词之间加空格，作用和 and 等同。例如，"计 算 机"与"计算机"作为关键词所得出的查询结果是不同的。中文关键词与操作符之间必须加空格，起分隔作用。

● 逗号：作用类似于 or，也是寻找那些至少包含一个指定关键词的文档，查询时找到的关键词越多，文档排列的位置越靠前。例如"编辑，出版，发行"，则查询时同时包含"编辑""出版"和"发行"的文档将出现在前面。

- *（通配符）：代表 0 到多个任意字符。例如"电影*"，则查询结果除了包含"电影"外，还会根据搜索引擎自带的分词技术，自动变化成"电影院""电影机"等。
- ""（双引号）：用双引号括起来的词表示要精确匹配，不包括演变形式。

2）常用搜索网站：

表 7-2 给出了常用的搜索网站。

表 7-2　常用的搜索网站

| 搜索网站 | 网址 |
| --- | --- |
| 搜狐 | www.sohu.com |
| Google | www.google.com |
| 百度搜索 | www.baidu.com |
| 雅虎 | www.yahoo.com |

4. 电子邮件

（1）电子邮件的概念

电子邮件（Electronic mail，简称 E-mail）是 Internet 上使用最为广泛的一种服务。大多数用户都是从电子邮件开始使用 Internet 的。

（2）电子邮件的特点

顾名思义，电子邮件是以电子方式来传递信息或邮件。这里的电子方式有两重含义：一是指信息是以电子方式存放在计算机中的，称为报文（Message），或称信件或邮件；二是指传递是通过计算机网络从源处传送到目的地的。

（3）电子邮件的软件及其功能

电子邮件的发送方和接收方的计算机中都必须安装有 E-mail 软件。一般的 E-mail 软件都基本具备以下功能：接收电子邮件、发送电子邮件及其他电子邮件的功能。

（4）信箱地址

使用电子邮件系统的用户首先要有一个 E-mail 信箱，该信箱在 Internet 上有唯一的地址，以便识别。E-mail 信箱和普通的邮政信箱一样也是私有的，任何人可以将报文传递到该信箱，但只有信箱的主人才能够阅读信箱中的报文内容，或从中删去报文和复制信息。Internet 的信箱地址由字符串组成，该字符串被字符@分为两部分：前一部分为用户的标识，可以使用用户在该计算机的用户登录名或其他的标识，只要能区分该计算机上的不同用户即可，如 Linda；后一部分为用户信箱所连接的计算机的域名，如 mail.neau.edu.cn。例如：Linda@mail.neau.edu.cn 就是一个用户信箱地址，属于在 mail.neau.edu.cn 邮件服务器上的一个标识为 Linda 的用户。E-mail 地址的一般格式为：

login name@电子邮箱所在计算机的域名

其中字符@在英语中可读作 at；用户标识（login name）可以取任何能区分的字符串。通常比较好的作法是将信箱地址与信箱的主人对应起来，如可以将用户名字的首字母加上姓来构成用户标识。

用户取得 E-mail 信箱的方法有：

- 作为互联网（如"上海热线"）的注册用户可获得一个电子信箱。
- 通过 Internet 向提供免费电子邮件服务的互联网服务商（如"首都在线"）申请免费信箱。

（5）Outlook Express 概述

Windows 8 集成了强大的通信工具，Outlook Express 就是其中的一个。借助于 Outlook Express 以及所建立的 Internet 连接，用户可以与 Internet 上的任何人交换电子邮件，并加入许多有兴趣的新闻组进行思想与信息的交流。

使用下列任一方法均可启动 Outlook Express。

方法 1：打开"开始"菜单，选中"程序"项。

方法 2：从桌面上启动 Outlook Express 快捷图标。

方法 3：启动 Internet Explorer。单击工具栏中的"邮件"按钮，选择"阅读邮件"（"新建邮件"或"阅读新闻"）命令，即可启动 Outlook Express。

关闭 Outlook Express 与一般 Windows 系统内的软件的关闭方法相同。

Outlook Express 的窗口构成：

- 标题栏。
- 菜单栏包括"文件""编辑""查看""转到""工具""撰写"和"帮助"七项。Outlook Express 的大部分工作可以通过菜单栏来完成。
- 工具栏包括了一些常用的菜单命令按钮，如图 7-15 所示。这些按钮可以帮助用户快速地完成 Outlook Express 的一些常用功能。

图 7-15　工具栏

- 文件夹列表位于工具栏下方的左侧，它列出了 Outlook Express 包含的所有文件夹，用来分类管理各种信息。
- 浏览区位于工具栏下方的右侧，当启动 Outlook Express 时该浏览区内有六个工作图标，分别连接电子邮件、网络新闻组和通信簿的各项功能。
- Outlook Express 窗口的最下部分是状态栏，其中显示的是当前工作的状态信息。例如选中"收件箱"文件夹时，状态栏显示"3 封邮件，1 封未读"。

Outlook Express 的主要功能：

管理多个邮件和新闻账号，浏览邮件，查看在服务器上保存的邮件，存储和检索电子邮件地址，在邮件中添加个人签名或信封，接收和发送邮件，查找新闻组，查看新闻组线索，脱机阅读新闻组。

【例题】为用户 aaa@neau.edu.cn 创建新的邮件账号，使用 Outlook Express 新建一份电子邮件并发送。其要求如下：

1．收件人：TeacherLi@neau.edu.cn。

2．主题：计算机作业。

3．文本的邮件内容：李老师您好：您上次留的作业在附件里，请查收，谢谢！祝老师工作愉快！学生：王维　2013 年 6 月 13 日

【操作步骤】

（1）创建新的邮件账号

1）单击屏幕底部的"快速启动工具栏"上的"启动 Outlook Express"按钮，出现 Outlook Express 窗口和"拨号连接"对话框，将对话框关闭，剩下"Outlook Express"窗口，选择"工具"下拉菜单上的"帐号"命令，如图 7-16 所示。

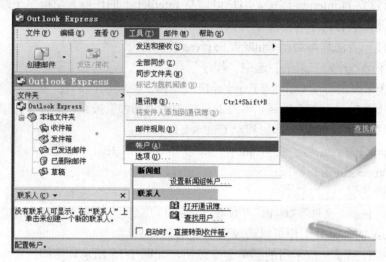

图 7-16　"Outlook Express"窗口

2）出现"Internet 帐号"对话框，单击其上的"邮件"选项卡，如图 7-17 所示。

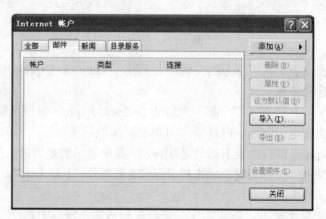

图 7-17　"Internet 帐户"对话框

3）单击"添加"按钮，出现级联菜单，然后单击该菜单上的"邮件"项，启动 Internet 连接向导。

4）根据连接向导的提示完成帐号的设置工作。

（2）建一份电子邮件

1）在"Outlook Express"窗口中单击"创建新邮件"按钮，出现 Outlook Express 的"新邮件"窗口，如图 7-18 所示。

2）在"收件人"框中输入：TeacherLi@neau.edu.cn。

3）在"主题"框中输入：计算机作业。

4）选择"格式"菜单中的"纯文本"命令。

5）在正文区输入邮件内容，如图 7-19 所示。至此，一份新电子邮件已建立。

图 7-18 "新邮件"窗口

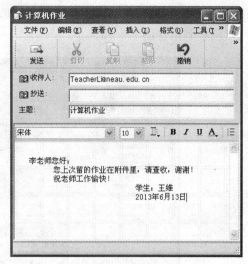

图 7-19 邮件内容窗口

（3）发送电子邮件

1）检查计算机，确保其处于连网状态。

2）单击"新邮件"窗口工具栏中的"发送"按钮，便可将邮件发送出去。

3）补充说明：

- 若计算机未处于连网状态，则可单击工具栏中的"文件"项，再选择其中的"以后发送"命令，该邮件即被保存在"发件箱"文件夹中。而保存在"发件箱"中的邮件在下次单击工具栏中的"发送和接收"按钮时，Outlook Express 会重新连接到 Internet 并将邮件发送出去。

- 使用 Outlook Express 可以发送一份邮件给多个接收者，各接收者邮箱地址之间用"；"分隔。

- 使用 Outlook Express 可以发送一份带附件的邮件，方法是在正文区输入邮件内容后，在"插入"菜单中选择"附件"命令（或单击工具栏中像回形针似的插入文件图标），打开"插入附件"对话框，搜寻到作为附件的文件，然后单击"附加"按钮，返回"新邮件"窗口，再单击"发送"按钮，即可完成邮件的发送。

熟悉电子邮件的操作步骤后，尝试完成下面任务：

（1）项目任务

阅读学生王维的邮件，给他回复然后将其删除。回复的要求如下：

1）收件人：aaa@neau.edu.cn。

2）主题：回复。

3）文本的邮件内容：王维你好，你的作业已收到，待我阅览之后再与你联系，谢谢！

（2）任务实现

1）单击 Outlook Express 窗口文件夹列表中的"收件箱"文件夹，然后在邮件窗格中显示出收件箱中的所有已收到的邮件。

2）单击要阅读或保存的邮件，则会在邮件窗格下方的预览窗格中显示出邮件的内容，如图 7-20 所示。若预览窗格右上角有一个回形针似的图标，则表示该邮件带有附件，单击该图标就可以看到附件的名字和大小。

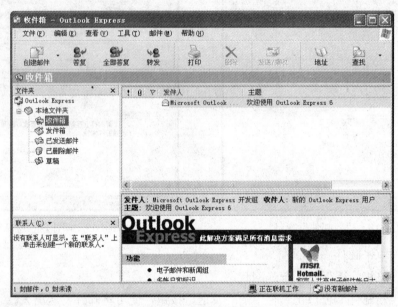

图 7-20　阅读电子邮件

3）在邮件窗格中单击要回复的邮件，然后单击工具栏上的"答复"按钮，出现"答复"窗口。

4）在"主题"框中输入"回复"，在正文区输入邮件内容，再按工具栏中的"发送"按钮，便回复了所选的邮件。

5）在邮件窗口中右击该邮件，弹出快捷菜单，然后选择其上的"删除"命令删除该邮件。

## 二、信息的搜索

因特网像一个浩瀚的信息海洋，如何在其中搜索到自己需要的有用的信息是每个因特网用户所需要掌握的。利用雅虎、搜狐等网站提供的分类站点导航是一个比较好的寻找有用信息的方法，但其搜索的范围还是太大了。最常用的方法是利用搜索引擎，根据关键词来搜寻需要的信息。常用的搜索引擎的网站有百度搜索引擎（http://www.baidu.com）、谷歌搜索引擎（http://www.google.com）、搜狐搜索引擎（http://www.sogou.com），这些都是很好的搜索工具。下面以谷歌搜索引擎（http://www.google.com.hk/）为例，介绍一些最简单的信息检索方法，以提高信息检索的效率。

打开 IE 浏览器，在地址栏中输入 http://www.google.com.hk/，如图 7-21 所示。

在谷歌搜索引擎中输入要搜索的信息，如输入"端午节由来"，在谷歌搜索引擎中会出现端午节由来的相关内容，如图 7-22 所示。

图 7-21　谷歌搜索引擎（1）

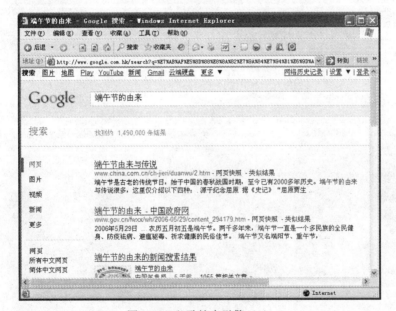

图 7-22　谷歌搜索引擎（2）